广药
好家风

家有和风　古药新香

HARMONY & HERITAGE

广州医药集团有限公司　编著

南方日报出版社
NANFANG DAILY PRESS
中国·广州

图书在版编目（CIP）数据

广药好家风 / 广州医药集团有限公司编著 . — 广州 : 南方日报出版社 , 2018.11
ISBN 978-7-5491-1823-6
Ⅰ . ①广… Ⅱ . ①广… Ⅲ . ①家庭道德－广东 Ⅳ . ① B823.1
中国版本图书馆 CIP 数据核字 (2018) 第 126685 号

GUANGYAO HAOJIAFENG
广药好家风

编　　著：广州医药集团有限公司
出版发行：南方日报出版社
地　　址：广州市广州大道中 289 号
出 版 人：周山丹
出版统筹：刘志一
责任编辑：陈盈璐　李　沁
责任校对：裴晓倩
特约编辑：廖　颖
内文设计：陈志彤
责任技编：王　兰
经　　销：全国新华书店
印　　刷：广州市岭美彩印有限公司
开　　本：787mm×1094mm　1/16
印　　张：9.5
字　　数：180 千字
版　　次：2018 年 11 月第 1 版
印　　次：2018 年 11 月第 1 次印刷
定　　价：58.00 元

投稿热线：(020) 87373998-8503　　读者热线：(020) 87373998-8502

序

中山大学文化研究所所长　李宗桂

中华民族自古以来重视家风传承。家风好，就能家道兴盛、和顺美满；家风差，难免殃及子孙、贻害社会，正所谓“积善之家，必有余庆；积不善之家，必有余殃”。作为中华民族大家庭重要构成的企业，是相对于个人小家庭的“大家”，也存在着“家风”，即一代代传承下来的体现企业基本价值追求和风范的企业文化基因，这是一种无形而深厚持久的力量。

良好的企业家风建设，不仅能够推动企业长期兴盛、持续发展，而且能够助力于现代企业制度的构建、新型商业文明的塑造，以及整个社会的文明和谐程度的提升。纵观中外伟大的百年企业，无不高度重视培育充满正能量的“企业家风”，高度重视创业创新、品牌建设，并积极践行企业社会责任。可以说，家风建设是企业增强凝聚力的法宝，是提升家国情怀的重要路径。家风建设可以让员工热爱企业这个家，增强归宿感和认同感，彼此像家庭成员一样，诚信友善，上下一心，精诚团结。可以说，让一个企业走向“百年老店”，成为“积善之家”，企业家风的传承和建设是不可或缺的。

“广药好家风”就是企业家风传承的经典案例。

早在秦始皇统一百越时，中原的中医药文化就传入岭南，到明清时期岭南更是名医辈出，逐步形成了具有本地特色的中医流派，并诞生了陈李济、何济公、潘高寿、敬修堂等众多老字号。广药旗下现有中华老字号企业 12 家，其中超过百年历史的有 10 家，这些著名的药业品牌，到现在越来越呈现出旺盛的生命力。这些广为人知的老店历经百年乃至数百年岁月的洗礼，愈发光彩夺目，真正是历久弥新。

这是缘于什么呢?

我想，这与广药集团的经营之道、成长基因和文化传承分不开。尤为关键的是，与她的“广药好家风”文化密码分不开。

广药集团历史已达四百余年，作为一家历史悠久的企业，近年来连续多年位居中国制药百强榜第一名，并在2017年进入了“千亿俱乐部”，展现出了一家百年老店旺盛的生命力，体现了“苟日新，日日新，又日新”的优秀传统文化精神。在企业发展的过程中，广药集团坚守传承良好的家风，孕育了独具特色的“红色基因”、“长寿基因”和“创新基因”，这是广药集团基业长青的关键。

《广药好家风》这本书，深入探寻广药集团旗下多家企业的家风传承故事。白云山制药厂、陈李济、何济公、潘高寿、敬修堂、光华、明兴、采芝林、王老吉、健民、奇星、中一，书中的这些企业的好家风基因、好家风故事，让广药屹立不倒，在新时代越发辉煌，对于当下众多的企业经营者如何建设优良家风、打造百年企业有很好的借鉴作用。

其实，在我们的生活中，可以深刻感受到广药好家风。它不是抽象的，而是具体生动的，它让人们为之感动，为之赞叹。

诚信为本，不断创新。广药好家风体现于王老吉货真价实的凉茶秘方与独创工艺。从凉茶始祖到中国凉茶产业当之无愧的领军者，王老吉在190年的征途中，靠的是诚实奉献、不断创新的精神。迄今为止，王老吉销售到亚、欧、北美、南美等地。凭着诚信家风，这个“中国味道”从十三行的小商铺，最终成长为世界闻名的民族品牌。

“陈李同心，和衷济世”。广药好家风体现为创立四百多年的陈李济至今巍然挺立。418年前，陈李两公因诚信结缘，创办陈李济，寓意“陈李同心，和衷济世”。同心济世的根本，在于一个“济”字，“济”是给予，是对他人的帮助；“济”更是目的，是一代代陈李济人的追求。这种追求背后的价值支撑，正是被习近平总书记列为中华优秀文化传统之首的“讲仁爱”的精神。优秀的文化成就了优秀的陈李济。时代虽然变迁，但“诚信为本，同心济世”的宗旨却始终不变，在陈李济人中代代相传。陈李济的济世之路，始终与时俱进，勇于承担社会责任，完成时代赋予自身的使命。新的时代，陈李济人更是本着诚信与济世精神，传承、光大中华医药经典，提供优质的产品，倡导中药保健的理念和健康养生的生活方式，着力改善民众的健康。

质朴务实，广药好家风体现为广药工匠精神。所谓“质朴务实”，集中表现为老中青职工都质朴无华，爱岗敬业、尽职尽责。老一辈以身作则，实干担当；中生代和新生代在工作中耳濡目染，代代传承，将“质朴务实”的理念升华为工匠精神。何济公工人凭着严格管理、精心操作，质量评比连续多年荣获全国第一。其产品阿咖酚散近80年长盛不衰，并率先研制成功包装机械化，生产工艺不断改进，质量内控标准高于全国标准，精益求精，把工匠精神落到了实处。

“解放思想、广招人才、树立品牌、技术创新、关心职工”，这是广药白云山在经济新常态下竞争制胜的重要“法宝”。这“法宝”来源于20世纪80年代，习仲勋同志先后两次视察“白云山”

所做的20字指示。习仲勋同志在视察过程中简朴亲民、务实开放的个人风格，既体现出良好的家传风范，也深刻地影响着广药白云山一代又一代领导干部的思想作风建设。习仲勋同志的指示，以及他的简朴务实风范，被广药集团很好吸收转化，成为“广药好家风”的重要组成部分，成为集团的精神财富。

当然，广药还有很多好家风故事，这里不可能也不必要详细罗列，广大读者通过阅读本书，可以逐一感受，并从中受益。

广药集团长期重视企业家风建设，开展了广药好家风系列活动。近年，集团上下各企业都开展了各种形式的好家风活动，对本企业及集团的好家风做了充分的阐述，让广大员工通过活动深刻领会广药的家风文化，感受了广药好家风氛围，从而自省其身，严于律己，感染家人。有的员工对我说：广药集团有着悠久的历史，是个医药品牌众多的“大家庭”。员工（的家）是小家，也是企业的一分子，也是广药大家庭中的一分子。“大家”的价值观和优良品质会影响小家的发展，是宏观的指引。好的企业家风会凝聚员工，会让大家像家庭成员一样，上下一心，精诚团结，创造出更大的能量。广药拥有众多好家风典范，而这些品质都为员工的健康成长，企业的良性发展，社会的长治久安提供了有力的保证和持续的动力。显而易见，这个员工的心声，已经揭示了广药好家风的企业精神、社会责任和凝聚力、向心力的源泉所在。

广药集团党委书记、董事长李楚源先生说：“合作、济世、诚实、奉献、勤奋、创新这12个字就是我们的家风。”广药集团近年先后举办了“弘扬好家风，共筑广药梦”领导干部好家风演讲比赛，“好家风，同传承”网络挑战赛，“我们的好家风，我们的心声”微视频征集活动，“不忘初心，悦读家书”主题诵读分享荟等活动，实实在在建设并传承广药好家风，引导员工向上、向善，彰显了广药好家风的文化建设功能，弘扬了中华优秀传统文化，践行了社会主义核心价值观，值得充分肯定，值得宣传推广。

广药集团是我国著名的现代化大型企业集团，她的企业好家风建设，从理念到形式都是既传统而现代，传统中追求着现代，现代中蕴含着传统，二者交融渗透，熠熠生辉，是企业文化建设、现代企业制度建设的好榜样。《周易》曰：“富有之谓大业，日新之谓盛德。”我衷心祝愿广药集团在广药好家风建设方面、在企业发展方面，都能够创大业、建盛德！

是为序。

2018年11月18日

目录

黃祥華始創萬應如意油

一

亲切的关怀　悉心的指导

习仲勋同志
两次视察“白云山”

油画《习仲勋心系中医制药》由广州画院院长方土团队创作，生动再现了习仲勋同志1980年视察白云山制药厂的情景。该作品曾入选在中央美术馆举办的“大潮起珠江——庆祝改革开放40周年全国美术作品展览”

“白云山制药”从“两口大锅闹革命”发展到如今品牌价值283亿元，历经了40多年的风风雨雨，被誉为广东改革开放的一面旗帜。但鲜有人知的是，其历史上的两次重大发展都与习仲勋同志息息相关。1980年春，时任广东省委第一书记、省长习仲勋同志第一次到白云山制药厂视察工作；1987年，时任全国人大常委会副委员长习仲勋同志再次视察白云山制药厂。两次视察工作，习仲勋同志都对白云山制药厂寄予了殷切的期望，给予了悉心的指导。

习仲勋同志七年两次视察“白云山”，是广药历史上弥足珍贵的篇章。广药白云山人要把他的指示精神和优良风范好好记载并传承，作为集团精神财富、文化资产，作为党的建设、领导干部家风建设的永恒指导！

首次视察，指点迷津

白云山制药厂是20世纪70年代从白云山农场制药车间发展起来的。1979年，年产值已超千万元的白云山制药厂迎来了一个重要的发展契机——白云山农场成立农工商联合公司，建立生产经营承包责任制，利润采取“三三四”分成，即利润的30%上缴，30%作为集体福利和奖金，40%作为企业发展基金。能不能利用企业发展基金实现药企跨越式发展？改革开放伊始，白云山人既兴奋又有一些担心的心情，一直延续到第二年春天。

就在这关键的时刻，时任广东省第一书记、省长的习仲勋同志于1980年春夏之交第一次来到白云山制药厂视察。当天上午10时左右，习仲勋同志一下车就参观了当时畅销的穿心莲的片剂生产车间，他一边参观一边询问了工人、技术人员及药厂产品数量以及工人、科技人员的生活情况。

走出白云山制药厂片剂车间，习仲勋同志远眺风景宜人的白云山麓，触景生情，他认为，药厂坐落在风景区，就有责任搞好绿化美化，与优美的自然环境融为一体，他当即要求白云山药厂搞好生产的同时，也要注重搞好规划，办成园林化的制药企业。

对白云制药厂未来的发展，习仲勋同志提出了三点指示：一是解放思想，好好利用改革开放的政策，开拓市场。要打破清规戒律，面向全省、面向全国建立自己的销售据点。二是招揽贤士、广纳人才，还要与科研部门、大医院合作，不断研究开拓，开发自己的品种。新产品和科研人员都是企业的根基，要勇于探索，不断进取。三是尊重并照顾好职工和知识分子，关心职工生活。习仲勋同志再三强调企业在改革开放的大潮中要少务虚，多做实事，一步一个脚印推出优质产品，打响自己的品牌。

习仲勋同志视察过后，白云山制药厂立即召开会议，学习习仲勋同志视察指示精神，归纳制定"爱厂、兴利、求实、进取"八字作为白云山的企业理念，一直激励着广药白云山人勤奋创新。

根据习仲勋同志"尊重知识、广招人才"的指示，白云山制药厂专门招揽人才，成立研究所，攻克头孢类产品，引进口炎清、回心丹等独家品种。厂里形成尊重知识、珍惜人才的良好氛围，新增产品每年达 15 个以上，同时在全国率先实施产品"五包"，白云山产品在仓库只存货 5 天便能销售出去，成为中国医药行业的一面旗帜。

仅仅 7 年时间，白云山制药厂已经发展成为拥有 250 多个品种的大型企业，产值从 1980 年时的 1200 万元猛增到 1.2 亿元，是习仲勋同志第一次视察白云山制药厂的 10 倍。

二次视察，勉励奋进

1987 年，又是一个春天，已是中共中央政治局委员的习仲勋同志到广东视察，一直心系"白云山"的他提出：再去白云山制药厂走走，看看这 7 年来的变化。

2 月 27 日上午，习仲勋同志依约来到白云山制药厂，轻车简从的他先后参观了化验室，片剂、针剂车间和花园式厂区。白云山制药厂的针剂车间拥有从德国引进的最新最先进的生产线，产量规模大，深受习仲勋同志的肯定。

1987 年 2 月 27 日，习仲勋同志视察白云山制药厂时的亲笔签名

据当时负责接待的药厂厂长霍梳回忆，习仲勋同志对他第一次视察的情形记得非常清楚，认为对比 7 年前的情况，药厂进步巨大，也的确遵照他的要求，建设成了园林式的制药企业。"习仲勋同志十分亲切，当天中午与我们一起在药厂招待所餐厅用自助午餐。"霍梳回忆道，用餐时间，习仲勋同志仍不忘寄语白云山制药厂：思想要更开放，不要满足现状，否则就容易被人击垮；要向集约化、多元化发展。

按照习仲勋同志的指示，白云山人更加解放思想，敢为人先，以更加迅猛的发展来回报习仲勋同志的关心支持。1993 年，白云山制药厂入选全国医药行业利税十强和中国百家知名企业第 28 位（广东省入选企业第一位）；随后，"白云山"商标和抗菌消炎统一品牌"抗之霸"商标先后被认定为"中国驰名商标"；2001 年，白云山制药厂成为"广药白云山"集团旗下的龙头企业。

2017年5月曹志斌同志（左，原习仲勋同志秘书）到访广药集团，集团董事长李楚源（右）热情接待。作为1987年陪同习仲勋同志视察白云山药厂的当事人之一，曹老对“白云山”情深意长

深入学习，永久传承

2017年，正好是习仲勋同志第二次视察“白云山”30周年，广药集团党委书记、董事长李楚源在一次党员“两学一做”活动中深有感触地指出，习仲勋同志当年所做的一系列指示，体现了惊人的正确性和生命力，30年有效指导着广药白云山的发展壮大，解放思想、广招人才、关爱职工、注重环保仍然是广药白云山在经济新常态下竞争致胜的几大“法宝”；习仲勋同志两次视察过程中简朴亲民、务实开放的个人风格，既体现出老人家良好的家传风范，也深刻地指导着广药白云山一代又一代的领导干部思想作风建设。

李楚源表示，习仲勋同志七年两次视察“白云山”，是广药历史中弥足珍贵的篇章，广药白云山人要把他的指示精神和优良风范好好记载并传承，作为集团精神财富、文化资产，作为党的建设、领导干部家风建设的永恒指导！

二

永不过期的关爱

家庭过期药品回收机制

2014 年 3 月 13 日，广药白云山 10 年免费回收过期药创吉尼斯世界纪录，吉尼斯认证官向广药白云山颁发了证书

“广药白云山，爱心满人间”一直是广药白云山秉承的企业理念，作为一家全国知名的大型医药企业集团，广药白云山积极承担社会责任，以守护大众健康为己任。家庭过期药品问题一直备受关注，广药白云山大胆创新，全球首创了“家庭过期药品回收（免费更换）机制”，并坚持连续十几年开展，年均投入数千万元，回收过期药品1500多吨，惠及6亿多人次。2014年，广药白云山坚持了十年的家庭过期药品回收，创下了“全球规模最大的家庭过期药品回收公益活动”吉尼斯世界纪录。

爱入吉尼斯

2014年3月13日，吉尼斯认证官向广药白云山颁发了“全球规模最大的家庭过期药品回收公益活动”吉尼斯世界纪录证书，这是中国企业首次在公益慈善领域获得的世界纪录。事件引起了全国主流媒体争相报道，央视也高度关注本次广药白云山的“创纪录”举措，并对此次吉尼斯世界纪录颁奖典礼进行了详细的报道与采访。

广药白云山的“家庭过期药回收（免费更换）机制”获吉尼斯世界纪录是一个历史性的时刻，有业内人士称赞道，全国乃至全世界还从来没有一家医药企业提出或者有胆量开展这样的活动，而且还坚持了十年之久，这是值得载入史册的善举。吉尼斯认证官Lisa小姐也表示：“吉尼斯世界纪录一直倡导人类公益行为。过期药品污染环境，危害健康。广药白云山坚持十年回收家庭过期药品，创下‘全球规模最大的家庭过期药品回收公益活动’吉尼斯世界纪录，我们深表敬意和赞赏。”

因爱而始

可能很少人会想到，这项世界纪录，竟是源自十几年前那场席卷全球三十多个国家和地区的“非典”疫情。2003年2月，一场突如其来的“非典”疫情，让连续多年占全国板蓝根市场60%以上份额的白云山板蓝根一战成名，成为“明星药物”，白云山板蓝根“抗病毒，防流感”的口号也响彻大江南北。“非典”过后，消费者疯狂抢购的板蓝根因未及时得到处理面临着过期。面对如何改变消费者眼中“过期药品仍有价值”的错误观念，实现社会安全用药，白云山和黄深感企业责任重大。时任广州白云山中药厂（白云山和黄前身）厂长李楚源在经过一番深思熟虑后，决

2005年3月13日，白云山和黄在广东省、广州市食品药品监管局等相关政府部门领导、新闻媒体的见证下，将前一时期回收的过期药品统一销毁

定拿出产品、资金，在全国范围内用最新批号的白云山板蓝根，免费更换消费者手中的各品牌板蓝根过期产品。活动持续了近6个月，涉及全国30多个省市、自治区，共换回各品牌过期板蓝根120万包，引起了强烈反响。

2005年3月13日，白云山和黄在广州召开新闻发布会，在广东省、广州市食品药品监管局等相关政府部门领导、新闻媒体的见证下，将前一时期回收的过期药品统一销毁，并正式提出“家庭过期药品回收（免费更换）机制”。同年的4月份，在广州举行的“家庭过期药品回收（免费更换）机制首批回收点授权仪式”上，广药白云山进一步实施“家庭过期药品回收（免费更换）机制”，宣布将广州、北京等内地20个城市，以及香港、伦敦等城市共50家药店，作为首批授权更换点，回收消费者家中的过期白云山产品。与此同时，广药白云山旗下其他14家生产企业也同步响应，在广州授权5家更换药店，更换广药白云山旗下120余种各品牌药品。至此，该机制进入实质性实施阶段，真正将利益带到老百姓身边。

2008 年，为满足消费者的迫切需求，广药白云山决定把每年的 8 月 13 日作为第二个“中国家庭过期药品回收更换日”。

2013 年，广药白云山宣布，在全国 185 个城市同步开展免费更换家庭过期药品活动，并启动了“王老吉 1.828 亿爱心基金资助 1828 个因病致贫家庭活动”。

2015 年，为顺应时代发展，回收渠道逐步扩展到线上，并为抗战老战士建立健康云档案。

2016 年，通过天猫官方旗舰店开展网上换药，并首次引入了利用码资源。

2017 年，广药白云山与京东合作开启“互联网 + 医药”新模式，通过线上预约在全国 10 座重点城市进行上门回收过期药品。

爱惠四方

十几年来，“家庭过期药品回收（免费更换）机制”在实践中经历了一系列的创新发展。从“到

市民踊跃参与家庭过期药品回收行动

广药集团党委书记、董事长李楚源接受中央电视台采访时表示，家庭过期药品回收机制是广药的基本政策，会一直实施下去，要让广药白云山的关爱永不过期

店”回收升级到面向定点社区的孤寡老人上门回收，从城市到农村，从线下升级到网上和移动端，家庭过期药品回收机制每一次升级都带来了便民、利民、惠民的新变化，不断向广大民众科普可持续发展的绿色理念。

如今，广药白云山的过期药回收活动已经从最初单个企业发起到全集团共同参与，从本地扩展到全国 200 多个城市，永不过期合作药店从起初的 5 家增加至 6000 多家药店和社区医疗机构。

而更重要的是，这一系列在全国范围内开展的活动，能让消费者切身处地地上了一堂药品安全教育课：药品都有一定的有效期，应该在有效期内使用，否则将不利于身体健康。事实证明，凡是广药白云山家庭过期药品回收行动到达的地区，社会各界对安全用药各方面的认知程度都在不断提高，安全和谐的用药环境也逐步形成。

在近年来药品回收行动中，企业回收到的最老药品是 1967 年生产的复方丹参片，据今已 40 年，另外还有 1971 年生产的云南白药。更换品种方面，最多的是以板蓝根系列为代表的清热解毒类产品，占总更换数的 40% 以上；第二位的是心脑血管类产品，占总数的 35% 左右，其余是肠胃类、妇科类等产品。可想而知，这些药品如果没有被回收，除了污染环境，对消费者的健康也将造成不堪设想的后果。

广药白云山连续十几年开展“家庭过期药品回收（免费更换）”活动，年均投入数千万元，回收过期药品 1500 多吨，惠及 6 亿多人次。每次被问及会继续做多久，广药集团董事长李楚源总是坚定的说：“我们会将家庭过期药品回收机制作为企业的基本政策一直实施下去，让广药白云山的关爱‘永不过期’。”

三

陈李济

四百余年　济世之路

创立于1600年的陈李济，四百多年屹立不倒的根源是什么？

是文化，是神圣的使命感。418年前，陈李两公因诚信结缘，创办陈李济，寓意“陈李同心，和衷济世”。细究同心济世的根本，在于一个“济”字，“济”是给予，是对他人的帮助；“济”更是目的，是一代代陈李济人的追求，也是博大精深的以“仁”为核心的中华文明传统的继承和发扬。世纪更迭，“诚信为本，同心济世”的宗旨在陈李济人中代代相传，优秀的文化成就了优秀的陈李济。

陈李济的济世之路，始终与时俱进，勇于承担社会责任，完成时代赋予自身的使命。在新的时代，陈李济人将本着诚信与济世精神，传承、光大中华医药经典，提供优质的产品，倡导中药保健的理念和健康养生的生活方式，着力改善民众的健康。

陈李济创业旧址位于越秀区北京路 194 号

每一位陈李济人都知道这样一个故事：明万历二十八年（1600 年）岁末某日，商人陈体全在外地收到货款，乘船回广州，到码头后匆忙上岸，遗落货款于船上，被同船的李昇佐拾得。陈发现货款遗失，四处寻找，发现李昇佐已在码头久候失主。

陈体全为李昇佐的高尚品格所感动，引为深交，又将遗金半数投入李原在广州大南门已未牌坊脚（今北京路 194 号）经营的中草药店，取名“陈李济”，寓意“陈李同心，和衷济世”。

这个故事，蕴含着陈李济中药文化的核心精神——“诚信为本，同心济世”。2010 年，陈李济在创立 410 周年之际，获得吉尼斯世界纪录“最古老的正在运营的制药厂”（oldest operating pharmaceutical factory）认证，它诞生的时间比同仁堂早 69 年，比西方最早的制药企业德国默克早 68 年。如今，“诚信”与“济世”的文化传统，已经伴随陈李济走过 418 年的岁月，并支撑其屹立于新时代的浪潮中。

老店尚新

早在创立之时，两位创始人就定下合约：“本钱各出，利益均沾；同心济世，长发其祥。”

在明代，这种资本合作、按股分利的模式，实际上是现代企业股份制管理的雏形。此外，陈李济明确规定，两姓家族子女互不通婚，且轮流选举族中德才兼备之士担任司理，避免陈李济变成单一的家族企业。

此后，陈李济从药店发展到药厂，又在19世纪20年代开始发展外向型经营。当时，“陈李济”的产品由于质优价廉、便于携带，许多出国谋生的国人为防病所需，携带出国，进而引销到新加坡、马来西亚、越南、泰国、缅甸、印尼等地。道光六年（1826年），陈李济在广州十三行开设了一个批发所，作为产品输出、洋药原料输入的口岸贸易机构。后来还在香港、上海、澳门、新加坡等地设支店，形成了跨省、跨国的经济网。到民国初年，陈李济已进入产销的“黄金时代”。

除管理与经营外，作为制药企业，最能体现陈李济革新精神的还是制药本身。陈李济广集古代固有成方、验方，悉心研究炮制技术，制成各种疗效独特的古方正药。早在清顺治七年（1650年），陈李济便创制乌鸡丸，该产品后来衍生出御用名药乌鸡白凤丸。

《广州医药志》记载“清同治皇帝，偶患风寒，腹痛吐泻，经御医推荐，服用广府陈李济追风苏合丸奏效，龙颜大悦，遂敕赐‘杏和堂’三字的封号，以示表彰。”光绪年间，两朝“帝师”

陈李济创始人
李昇佐（左）和陈体全（右）

翁同龢为陈李济题写店名，“陈李济”三个鎏金大字至今尚存。

广东地处岭南，自然气候潮湿，传统的中成药易发霉变，且一些芳香类的中药材因药性挥发而影响整体药效，也无法满足人们远足之需。陈李济因地制宜，形成了许多流传至今的精湛工艺。康熙年间，陈李济人总结出煮蜡、串圆子、蘸蜡、锲壳、入丸、封口、剪蒂、盖印等八道手工工序，用蜂蜡与木蜡混合浇铸成蜡壳，先割成半球形，然后将丸药裹在其中，再用蜡密封，使药物可久存而不变质。蜡丸这一革命性的工艺，起初因工艺复杂先用于贵重药品，自动化生产之后，这套封装工艺被中成药企业广泛采用，延续至今。

清末，每逢科举秋试，陈李济运送追风苏合丸、养心宁神丸、附子理中丸等药物进京，以应考生不时之需。当时只有陈李济的药丸以蜡壳包装，保证药丸品质不变、效果显著，故特别引人注目，为陈李济赢得“广药”之誉。在当时的全国中成药制造行业中，形成广州陈李济、北京同仁堂、杭州胡庆余堂三大名家齐头并进的格局。

正药济世

陈李济的制药创新，始终以坚守“古方正药、真材实料”为基础。如鹿茸、人参必选东北地道药材，还有化州橘红、德庆何首乌、肇庆芡实等，均选上乘。民国初年陈李济的仿单（药品说明书）载：“本药行创设三百余年，所制各项丸药，悉遵古法及家传良方，采药必选地道，配制务依法规，是以按方服用，无不有效。”若市面药行、药栈供货难以满足要求，则派人到产地直接采购；平日备料不足，宁可停产；工艺再繁复，也不减少任何一道工序。

民间流传广东有三宝：陈皮、老姜与禾秆草。《本草纲目》载：“柑皮纹粗，黄而厚，内多白膜，其味辛甘……今天下以广中（新会）采者为胜。”清末民初著名中医学家张寿颐说：“新会皮，橘皮也，以陈年者辛辣之气稍和为佳，故曰陈皮……其通用者新会所产，故通称曰新会皮，味和而辛，不甚烈。”陈皮有川陈皮、福建陈皮、广陈皮等，以广陈皮为上品，广陈皮中以新会产地的陈皮为正品。

数百年来，每逢广东新会冬柑上市季节，陈李济药厂都会派人大量收购冬柑皮，就地加工晒干，然后用草席袋包好，每袋以竹牌标明年号，运返广州总厂。

过去，总厂是木楼结构，果皮仓设在二楼。果皮仓位于炉灶的上方，楼下制药炼蜜时，高温加热的蜂蜜香味上升，果皮仓里的果皮受蜜糖蒸气长期熏染，变成黑色，内肉变成深茶色，香气

1924 年 11 月 10 日，孙中山先生北上前三天与六位随从人员合影，前排右一为陈李济创始人李昇佐的后人李朗如

陈李济广州总厂早期生产场景

持久，再经陈李济秘制工艺炮制，久煮不烂，化痰理气功效独特。

清代，陈李济陈皮被列为广东每年进奉的贡品，当时的达官贵人以拥有陈李济陈皮为荣耀。1938 年 6 月 6 日，陈李济药厂遭日机轰炸，厂房起火，最先抢救银仓，其次抢救陈皮。次日即请专船将陈皮运回乡下河清。

陈李济现存少许百年陈皮，是目前可考证有实物的文物陈皮，已列为陈李济“镇厂之宝”，其中年份最长的有 170 多年。

中华人民共和国成立后，享用过这种稀有“百年陈皮”的至今不超过五人。20 世纪 50 年代，时任广州市副市长、陈李济司理李朗如每年都要拿一两“百年陈皮”送给宋庆龄和何香凝。1985 年，社会名流霍英东、黎雄才参加陈李济创立 385 周年庆典，陈李济赠霍、黎二人典藏百年陈皮，霍英东赞赏说：“这比黄金更珍贵。”

炮制陈皮所体现的工匠精神，被陈李济人应用在制药的各个方面。陈永涓是陈李济创始人陈体全的后人，1980 年进入陈李济工作，一做就是 30 多年。刚进陈李济药厂时，陈永涓被分到制丸组负责盖印环节。“在蜡壳的圆顶上印上药名，弧度要刚刚好，字四角分明，速度还得快，每次一抓就要抓到刚好五粒，‘咔咔咔咔咔’五下后，就扔到一个盆里。”半年后上手了，开始做双印，在蜡壳的圆顶上印两个章。质检员随时抽查，“没有印章，客户拿到手就不知道这个丸是什么药，所以不能有漏印”。

进厂工作的第一天，陈永涓就被提醒，工厂生产的是特殊的产品，用于治病救人，不容有失。“从选购药材到产品销售，每个环节都经过严格把控。我们装蜡丸的蒸笼上有员工的号码，号码最后会印到包装盒上。出现漏印或者空壳，收到客户投诉，那个号码的员工就会被扣掉几乎所有奖金。”

几百年来，在严格制药管理之外，陈李济还遵循着“救济扶危”的条规。

在清代和民国，处于闹市中心的陈李济老铺门前过客甚多，店中员工若见路过的饥民、难民晕倒，必须出门施药相救；夏日炎炎，广州街头各种挑担、拉车苦力过往，陈李济又在人行道设茶缸，免费供应茶水。

当时，广州城池围绕着横街窄巷，民房多为砖木结构，居民又以木柴为燃料，经常发生火灾。而官方没有设消防设备，一旦有火灾，各家自理。陈李济选拔精壮工人成立义务消防队，并从国外购置消防车，配置水枪、火钩、水桶、大小绳索、斧头、竹梯等工具，还有药箱随行，以备救急。消防队旗黑色，上书“陈李济”三个白字，水车写有“杏和堂”“救济扶危”字样。一遇火警，队员立刻停产出动，此善举一时传为羊城佳话。

革命“济路”

1922 年，工人运动风起云涌。这一年，中国共产党早期领导人、中国工人运动的先驱杨殷加入中国共产党。作为陈李济药厂工人，杨殷以陈李济药厂作为革命工作的联络点，组织工会、发动工人参加革命斗争，后来与陈李济的陈家养女潘佩贞结为夫妻。

当年，陈李济药厂设备简陋，杨殷在磨粉车间工作，从碎药、捣料、过筛等工序，以至成丸散，工作强度大，两三百工人挤在一起劳动，粉尘飞扬。杨殷和工人一起劳动，技艺娴熟，与车间工人感情融洽。高大黝黑的他被工人们亲切地称呼为“黑炭头”大哥。1925 年秋，这位曾参与领导省港大罢工和广州起义的革命先驱，领导陈李济人建立了红色工会，并吸收工人入党。广药集团乃至广州企业的党史，由杨殷开启。

为确保革命人士黄平民的安全和开展工作，杨殷在药厂、柴店等处建立情报联络站。陈李济

广药集团等单位举行纪念广州起义 88 周年暨缅怀杨殷烈士主题教育活动

的另一位员工李伯，工余到市内各站联络，及时将情报送给黄平民。

1927 年，中国共产党领导的广州起义爆发，杨殷任副总指挥，并在总指挥张太雷牺牲后代理总指挥。在杨殷的安排下，中国共产党在陈李济召开了广州苏维埃工农兵代表会，杨殷担任广州苏维埃政府代理主席。中国第一个苏维埃红色政权，就诞生在广药陈李济药厂的二楼。

广州起义失败后，杨殷被敌人追捕。陈李济的工人师傅发现跟踪杨殷的敌人，用身体挡住对方的视线，掩护杨殷闪进药厂。敌人来到车间搜查，认不出打扮成磨粉工人的杨殷，杨殷逃过了追捕。

1926 年起，杨殷任中共两广区委委员、区委监察委员会书记，相当于广东第一任“省纪委书记”。1928 年 7 月，杨殷在中共六届一中全会上当选中央政治局候补委员、候补常委兼中央军事部部长，1929 年初增补为中央政治局常委。

因叛徒告密，1929 年 8 月 30 日，杨殷在上海英勇就义，终年 36 岁。2009 年，杨殷被评为 100 位为中华人民共和国成立作出突出贡献的英雄模范之一。殷者，红色也。杨殷烈士植下的“红色基因”，广药人一直铭记并传承。

20 世纪 30 年代中期，由于外敌侵略，内战频繁，民族工商业备受摧残，又兼经营管理不善，陈李济开始式微，陈李济创始人李昇佐的后人李朗如受族人所托出任司理。他一到任便多方设法筹措资金，改革管理方式，让陈李济摆脱经营困境，业务日臻发展。

不过，在那个动荡的年代，李朗如的抱负绝不止于做一位商业奇才。

李朗如生于 1888 年，早年参加同盟会，大革命时期在族人的支持下从事革命活动，曾担任孙中山广东都督府副官长、总统府参军兼孙中山的侍卫队长。中华人民共和国成立后，李朗如就任广东省政协副主席、广州市副市长，曾多次回陈李济视察，关注着老工厂的发展。

1922 年 6 月，陈炯明炮轰广州观音山总统府，李朗如事先获得密报，立即冒险上山，将孙中山背上身离开总统府，送往停靠在珠江边的“永丰舰”，随即通知蒋介石上舰保护孙中山。

把孙中山安顿好后，李朗如又冒着猛烈的炮火，立即返回总统府，组织剩下的侍卫撤退，并亲自把宋庆龄背下山。1963 年李朗如去世，时任国家副主席的宋庆龄给李朗如家属发唁电，专门提及李朗如救孙中山和她的这段鲜为人知的历史。

广州白云山陈李济药厂有限公司党委书记、董事长石洪超在谈到杨殷和李朗如事迹时说：“‘同心济世’在不同时代有不同的表现。陈李济的济世之路是与时俱进的，它能紧跟历史潮流，勇于承担社会责任，完成时代赋予自己的使命。杨殷、李朗如身上有陈李济‘同心济世’的文化基因，在革命年代，便表现为爱国敬业，积极投身革命事业。”

传承创新在当代

20 世纪 80 年代，陈李济恢复“广州陈李济药厂”厂名和“杏和堂”商标，并被中国药材公司确定为国家重点中药厂。

其后，企业进行大规模现代化改造，购买新设备、研发新产品、增加新剂型，先后与国内外多家著名高等院校和科研机构交流合作，保护和发展陈李济的传统中药文化。1996 年，陈李济与四川省中药研究所共同开发“九五”国家重点科技攻关项目“昆仙胶囊（原名风湿平胶囊）”，于 2006 年取得新药证书与生产批件。1998 年，投资 1.3 亿元，按国家 GMP 标准易地建设的新厂落成，企业实现历史性搬迁。进入 21 世纪，陈李济率先通过了国家 GMP 认证、实施 ERP 管理，后又通过澳大利亚 TGA 组织的 GMP 认证。

在现代化改造的进程中，陈李济仍继承手工作坊时期的工匠精神，“古方正药”至今还是陈李济一直坚持的制药宗旨。

陈李济镇厂之宝——百年陈皮

陈李济的一位年轻药工说，中药炮制部分的传承是最难的，因为需要付出大量时间，而且不易学成，没有多少人愿意下苦功去学。2016 年 8 月，陈李济重新启动药工拜师仪式，三车间三名员工代表拜入老药工陆树端师父门下。陆树端 1981 年入职陈李济，一直在制药车间工作，熟悉药材炮制各工序操作，直到 2012 年底延迟退休，在陈李济工作已有 31 年。

石洪超回忆，有一次厂里的老药工炼蜜，凭经验和感觉掌握火候，一边煮一边说“差不多了”，再进行温度测量，正好是制药所需的温度，一点不差。石洪超说，他希望拜师仪式能带动新员工向老员工学习，将中医药文化传承下去，“这不仅是社会人，同时也是制药人的责任”。

这种社会责任感，根植于陈李济传统的“诚信”与“济世”精神。2012 年在全国沸沸扬扬的“毒胶囊”事件中，陈李济的胶囊经受了各级药监部门的检测，两百多个批次的胶囊产品均为合格产品。陈李济的“喉疾灵胶囊”在抽检的喉疾灵胶囊中是唯一合格的产品。

国家相关部门要求，从 2010 年 10 月 1 日开始，空心胶囊增加重金属含量的检测，而陈李济早在 2005 年就开始对胶囊等包材进行重金属检测。

除了市场上出现的伪劣产品外，大量的仿制品也让许多老字号药店面临生存环境的严峻变化，老字号坚持工序和原料的高品质，要承担的价格成本更高。石洪超说，老字号要重新擦亮品牌，必须革新求变，依靠技术创新提高科技含量、设置技术壁垒，同时进一步加强商标和专利保护。

除科技创新外，陈李济还开始借力大数据，调整经营结构。“在古代，患者抓药前，药铺里的坐堂医生会给你看一下，根据患者的实际情况开出个性化的药方。现在社会发达了，人口增加，人的寿命变长，患者人群呈几何级数增长，传统作坊的做法满足不了这么大人群的患者。但作为制药厂，陈李济是要替大部分患者服务的。”石洪超说。

于是，陈李济致力于将现代的大数据分析和传统中医的个性化治疗相结合。“例如，我们依靠大数据统计出大部分人的症状，生产出适合大部分人的药，先解决最主要的矛盾；有特殊的问题，可以在后台找我们的医生。我们都有二维码，你一扫进去，就可以告诉医生，原来是什么症状，吃了这个药以后有什么感觉，如果距离药厂近，还可以直接和医生见面。医生根据患者说的症状，指导患者怎么用药，或者说要加减哪一种药，甚至具体到在一天的什么时候用药——早上是体内阳气生发之时，中午阳气生发到极限，然后渐渐衰退，傍晚时阳气入阴，到了夜晚则潜藏起来，这在中医都是有讲究的。”

中医讲究“天人合一”，用药因人、因时、因地而异，这种“个性化治疗”，与时下医学界倡导的“精准医疗”相契合。陈李济通过对未来行业和产业形态的预测，倡导精准诊疗、精准用药和“个性化定制”等理念，让其绵延 418 年的“诚信为本，同心济世”精神，在新时代下焕发

位于海珠区新址的陈李济兴建了岭南地区首家中药行业博物馆——陈李济中药博物馆

出新的活力。

在产业上，“个性化定制”主要表现为优化产品结构。一个突出的例子是陈李济“百年陈皮”大健康产业的启动。

2015年10月27日，陈李济发布产业战略发展规划，建成陈李济“百年陈皮”秘制工艺生产车间，并与多家科研机构和企业开展合作，探索“私人定制”的体验式陈皮经济模式。针对不同受众，进行差异化产品定制，如根据年份不同，设置四个级别：“应用级”——5年以上的陈李济百年工艺陈皮，主要用于年份陈皮产品推广及作为衍生产品原料；“收藏应用级”——15年以上，主要用于市场收藏及高档消费；“收藏级”——15年至25年为中低档收藏，25年至35年为中高档收藏，35年至50年为高档收藏，50年以上则主要用于宣传拍卖；“国宝级”——“百年陈皮”是国家级文物，不参与市场买卖，只用于一些文化展出和品牌文化活动。

在与陈李济合作的机构中，中国中医科学院与陈李济就陈皮秘制工艺、陈皮成分、机理、鉴定标准开展专项研究。中国中医科学院是诺贝尔奖得主屠呦呦的工作单位，也是中国中药类的顶尖研究机构。

石洪超说，为坚持地道的原料产地，陈李济选择在新会打造体验式的陈皮庄园，从水土、种苗到产品，全方位展示现代农业的专业化种植，尽管引进了现代设备，但陈皮的炮制仍将遵循古法。

“之所以把庄园设在新会，就是要利用那里的自然环境陈化，陈化之前必须经过陈李济传统古法的炮制，也只有经过这种工艺的炮制，才能让陈皮经受住时间的考验。” 石洪超说。

（作者：张晓棠　沈园）

参考文献：
1. 郭昉凌：《杨殷传》，广东人民出版社，2012 年版。
2. 贡儿珍：《广州非物质文化遗产志》，方志出版社，2015 年版。
3. 陆志霖：《陈李济“百年陈皮”产业重新启动 将助力大健康战略》。
4.《济路》，2016 年 12 月总第 1 期。

四

何济公

济世为公

何济公这家绵延近百年的中华老字号企业，至今仍能充满传奇与辉煌，归功于企业一直对“百年好家风”的坚守，源自每一个企业领导、每一位员工对“百年好家风”的传承。“家风”是打造百年企业的一盏心灯，引领企业前行。

何济公亦本着“半为慈善半营生，利己利人驰盛誉”的好家风理念，秉持“向秀丽”精神，与爱岗敬业的员工一同实现何济公健康持续的新发展。

以“半为慈善半营生，利己利人驰盛誉”为创始理念的广州白云山医药集团股份有限公司白云山何济公制药厂（以下简称“何济公”），早在抗战前夕便诞生了。产品廉价高效、贴近民众使得它很快打响名头。随着中华人民共和国成立，它整合了37家药厂药社，演变为广州医药集团有限公司下属的制药生产企业。作为国家商务部第一批认定的“中华老字号”企业，何济公在历史沧桑中坚定不移，本着济公心态，不仅拳头产品阿加酚散、感冒灵、金霉素眼膏多年屹立不倒，浴火而生的“向秀丽”精神更为其发展添上浓墨重彩的一笔。

今天的何济公经过多年发展，始终延续着何济公的家风精神，成为全国生产解热镇痛药和外用药最专业的知名制药企业。

如今，何济公正迈向百年。

白云山何济公制药厂新市厂区

何福庆

缘起

1909年，何济公创始人何福庆生于广东南海恩洲王圣堂村，少时读过八年私塾。20年代末，他进入汉口华安公司，成为一名伙计。数年后，他与人合股，在武汉开办“广东药行”，主营广东柠檬精、鹧鸪菜，兼营汉昌牌雪茄烟和广东云纱绸等，赚得了第一桶金。

在武汉期间，何福庆认识了一位洋博士，他研制了解热止痛散，并将配方和制法传给何福庆。1937年，28岁的何福庆回广州成婚，并于次年开设药行，主要生产灭痛星，后改名为止痛散，药行取名何济公。

济公本名为道济，是南宋时期一位学识渊博、行善积德的僧人，被列为禅宗第五十祖、杨岐派第六祖。他兼通医术，时常为百姓行医施药，治愈不少疑难杂症，又好打抱不平，被百姓尊称为“济公”。他行善积德的故事在民间广为流传，渐渐成为人们心中的“活佛”。

何福庆称药行要“半为慈善半营生，利己利人驰盛誉”——商人本为逐利，但医药行业又不同于一般的商业，关乎人们的健康，以德为先，不能利益至上。半为慈善，兼顾营生，正如济公医药济世，济世为公。

时值抗战，何济公于战乱中辗转，直至1945年重回广州。由于何福庆营销有术，何济公风行一时。他积极在各地营销，通过药店寄售拓展各个城市的销售渠道，在福州、厦门、武汉、长沙、南京、上海、重庆、成都、云南等地都有销售网点。他曾将30万余包止痛散运往重庆推销，靠着宣传打开销路。城市以外的地区，何福庆采取招揽销售人员的方式，在上海、赣州、重庆、昆明、西安开设办事处，让他们各自负责所在区域。

何福庆十分重视广告宣传，他曾说：“我卖田卖地都要卖广告。”他将当时能买几十亩地的积蓄拿出来做广告，甚至卖掉了两亩祖田。“何济公，何济公，止痛唔使五分钟”“发烧发热唔使怕，何济公止痛散顶呱呱”等广告词在电台反复播放，街知巷闻。何福庆还在报纸头版分三日登广告，第一日登“广东飞来何济公”，第二日登“止痛唔使五分钟”，第三日详细介绍灭痛灵，赚足了眼球。

他对于街头广告也十分讲究，时常在家做墙壁灰水广告，认真研究广告写在哪里效果最好。他提出圩镇广告效果最好的地方是正对厕所的窗口，如厕者都能看到。

当时何济公药厂还不及一间小客厅宽，药品主要靠工人人手分装。1948 年，何济公药行包散工人仅有 16 人，广州解放时有职工 79 人，无自身厂房。

何福庆效仿济公普济众生的精神，更用经营手段使何济公一举超越同时期的药厂而一枝独秀。何济公创立时间不算最早，却可以成为近代民族制药工业少有的留存至今的代表性品牌，正是由于何福庆独特的经营理念和精明的经营手法，才使何济公家喻户晓，长盛不衰。何福庆“半为慈善半营生，利人利己驰盛誉”的理念也自此留存，成为何济公延续至今的家风。

向秀丽

向秀丽精神

中华人民共和国成立后，实行公私合营，何济公进入稳步发展的新阶段。这家老字号企业和缓向前，与同时代的企业一同经历风雨。此时，一件事情的发生让向秀丽这个名字永远留在了何济公的史册上，她为何济公的家风赋予了新的含义。

1958 年，何济公制药厂决定试制化学药剂甲基硫氧嘧啶。为保证试制成功并迅速投入生产，党支部挑选了一批优秀工人到甲基硫氧嘧啶小组工作，向秀丽是其中之一。

生产甲基硫氧嘧啶的技术复杂，且需要使用金属钠——具有强烈的爆炸性，在生产过程中烧伤过好几个工人。向秀丽只上过四年业余小学，从未学习过化学知识，她虚心向师傅学习，坚持做笔记，仅仅用了一个月就掌握了基本操作技术。她和工友罗秀明常常负担起一个工序，从上午 8 点开始一直工作到第二天凌晨两点。优秀工人的特质在这次试制中彰显无遗，向秀丽所在的小组多次出色完成任务，她还连续两次获得了季度先进生产者奖。

1958 年 12 月 13 日下午 5 点 50 分左右，向秀丽和罗秀明、蔡秋梅三人正在甲基硫氧嘧啶小组工作，她作为领班，正在与两位工友忙碌地投料，没想到装满 20 公斤酒精的大瓶瓶底突然断裂。

英勇地与烈火搏斗的向秀丽

飞溅蒸发的酒精接触到煤炉的热气，火苗“腾”地迅速窜了起来，危及不远处存放在车间一角的金属钠，金属钠如果遇高温爆炸，将会毁掉整个工厂，并殃及周边商业区及民居。千钧一发之际，向秀丽奋不顾身地扑向了正在肆虐的大火，用自己的整个身躯紧紧捂住了蔓延的火焰，避免了一场眼看就要发生的大爆炸！

而向秀丽沾满酒精的双手和衣衫让火焰燃烧得更加猛烈，从她的脚踝烧到肚子，又烧到胸部。当车间主任和工友赶到现场扑灭火焰时，她左手几乎烧焦，身上的烧伤面积达 60% 以上。昏迷了三天三夜的向秀丽，醒来便追问：“金属钠有没有爆炸？工厂安全吗？罗秀明有没有受伤？”

1959 年 1 月 15 日，由于伤情严重，经过 33 天的抢救，向秀丽仍然没有脱离危险，献出了年仅 25 岁的生命。

向秀丽牺牲后，广州日报、新华社等新闻媒体第一时间做了报道；苏联、波兰、匈牙利等国家青年纷纷赞誉向秀丽。党和国家领导人林伯渠、董必武、陈毅、郭沫若等分别题词、作诗，给予高度评价。广州市人民政府追认她为革命烈士，何济公药厂所在的光扬新街也被命名为秀丽街。

何济公制药厂将化工车间命名为向秀丽车间，把向秀丽生前的小组命名为向秀丽小组。

在中国共青团广州市委二届八次全体会议上，全体同志到何济公药厂，在向秀丽灵前悼念，还通过了《关于组织青年学习向秀丽同志崇高共产主义精神的决议》，决议提出：向秀丽同志是党的优秀儿女，我们青年应该学习她热爱党、热爱人民，对党和人民无限忠诚，学习她毫不利己，舍己为人，献出自己的一切来换取别人的集体主义精神；学习她勇敢顽强的革命意志和乐观精神和不怕困难的共产主义劳动态度。此后，《人民日报》《中国青年报》《广州日报》《广州青年报》相继刊登了专题报道，全国各地人民纷纷来信表示悼念，11 天共收到来信 3600 多封。

1962 年 2 月 8 日，雷锋也在日记中颂扬了向秀丽精神："我决心永远学习向秀丽同志。学习她耐心帮助同志、处处为集体谋利益的精神；学习她对工作极端负责任的精神；学习她在紧急关头，挺身而出、英勇牺牲的精神。"

1960 年，何济公制药厂广州下九路办事处和光扬街办事处合并改称为"秀丽人民公社"，1966 年广州下九路改名为"秀丽路"。1982 年，秀丽路恢复下九路路名，广州市人民政府又决定将下九路何济公制药厂楼宇命名为"秀丽楼"。2009 年中华人民共和国成立 60 周年前夕，向秀丽更被评为 100 位中华人民共和国成立以来感动中国人物之一。

向秀丽虽然离去了，但她的光辉形象并未随之消亡，她作为一种精神浸润到何济公制药厂全体人员心中。

向秀丽成为何济公制药厂的新名片，她所代表的秀丽精神也作为何济公制药厂新时代家风的一部分，与一直传承的"半为慈善半营生，利己利人驰盛誉"理念一同指引着何济公全体员工前行。

近几年来，何济公携手南沙守备部队开展"传承红色基因，弘扬向秀丽精神，共建巩固国防——白云山何济公走进南沙守备部队主题活动"。通过对守备祖国南大门的南沙守礁官兵的慰问，赠

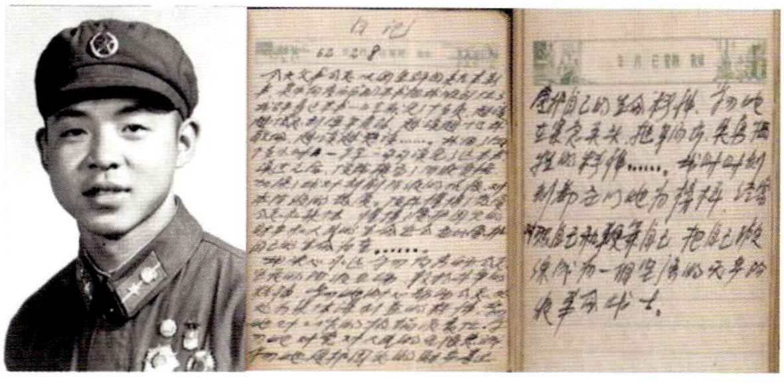

雷锋同志在 1962 年 2 月 8 日的日记中颂扬向秀丽精神，决心永远学习向秀丽

中国人民革命军事博物馆副馆长马琳杰大校向广州医药集团有限公司李楚源董事长赠送记录向秀丽精神的雷锋日记纪念牌匾和雷锋日记复制品

送官兵急需的企业品牌药品。将“爱党爱国”的南沙精神与“无私奉献”的向秀丽精神结合起来，这是新时代赋予向秀丽精神的新内涵，也彰显了何济公好家风的传承与发扬。

2017 年是向秀丽牺牲的第 58 年，传承好家风精神的何济公被广东省委宣传部授予“广东省首批学雷锋活动示范单位”“广东省企业文化建设优秀单位”。

质朴务实与工匠精神

“文革”之后，何济公制药厂整合重组。曾任副厂长的邹德润正是在这个时期进入何济公的。

刚加入何济公的邹德润就意识到了何济公的质朴务实：“当时是计划经济的年代，没得选择。你会感觉到何济公有一种质朴务实的精神，日常生产活动中没有闹矛盾的现象。老企业有它的底

向秀丽突击队青年志愿者把医药专长与志愿服务工作融合一体，发挥自己所学所知，为社区群众提供科学用药的知识咨询服务

传承红色基因，弘扬向秀丽精神，共筑强军之梦——白云山何济公2017年迎新春慰问南沙守备部队送爱心主题活动

蕴在，职工都很淳朴，很实干。”

当时，解热止痛散的工序十分枯燥，散包出来，需要人工数，数满100包放到一个盒子里，数的过程中还要辨别有没有空包。邹德润之前都做原料工序，没有经历过这些，看着何济公的熟练工人的手动作飞快，如同点钞机，一数到空包还能拎出来，像极了变魔术。“很枯燥的，但这些老员工毫无怨言，天天复印一样，做了20多年，还有些甚至一辈子都这样，但是这么简单又平凡的工作，他们很乐意，很踏实地坚持。”

何济公的务实还在于坚持。解热止痛散（现更名阿咖酚散）是何济公创业至今的拳头产品，处方安全，见效快，只是生产车间机械化难度大，效率不太高。厂里的人曾对这个药提出商业性的质疑。“他们就觉得，这么老的品种，当年一分半一包，也不算太值钱，为什么还要抱着这么老的产品不放呢？”何济公曾因为这些意见而开发新药，做一些高精尖的产品，但是最后发现大众认可的仍然是解热止痛散。“企业的生产经营需要符合市场经济规律，市场经济就是市场需求什么我们就生产什么。这个产品在民间这么受欢迎，那我们改进，提高劳动生产率、降低单位成本，同样有竞争力。这个产品坚持到现在，长盛不衰还是有道理的。”

“如今，阿加酚散（原解热止痛散）是同类品种中全国第一品牌，这个品种的分量占全国同类产品一半以上，”邹德润说，“老百姓去买药，不是说买阿加酚散，不是说买解热止痛散，而是说买一条何济公。何济公就是这个药的代名词。这也是来源于它的务实，不盲目追求新品种、追求时髦，低调务实不张扬。所以至今它市场老大的地位没有变化。”

从工艺员做起的李珊对于何济公工人的务实更有着切身体验。“我们这里的一线工人都非常勤恳。工作要求下发，他们一定执行，都是为了自己的生活，勤勤恳恳，很质朴地工作。”

李珊觉得这里的工人一代代传承，淳朴的特性从来没有变化。后来陆续加入何济公大家庭的新员工，也都受到这种精神的感染，变得淳朴。“质朴务实”是何济公员工的特色。“员工认可企业，企业也给员工归属感，这就是何济公的特点。”

所谓“质朴务实”，首要表现在爱岗敬业、尽职尽责，这个企业里老中青工人都有，老人以身作则，也不讲什么大道理，就做好自己的本职工作。中生代和新生代在工作中无形被感染，人家都二几十年了，人家都那么勤勤恳恳，你为什么不能呢？于是这种精神就一代代成功传承。

同时，“质朴务实”亦可延伸为工匠精神，“当年生产条件简陋，何济公工人凭着严格管理、精心操作，质量评比连续多年荣获全国第一。阿加酚散近80年长盛不衰，率先研制成功包装机械化，质量内控标准高于全国标准，生产工艺不断改进，这就是工匠精神的结晶。”

整合重组，规模扩大后的何济公有了新的发展，绵延至今的历史足够其厚积薄发，向前迈进。

何济公亦本着“半为慈善半营生，利己利人驰盛誉”的理念，秉持向秀丽精神，传承好家风，与务实质朴的员工一同向迈进千亿规模的目标靠近，以实现何济公健康持续的新发展。

（作者：瓯江　何詰莹）

五

潘高寿

百年治咳路

潘高寿世代以“济人济世”为家训，以“品质为先、以诚为根、以实为本”为宗旨，其主打产品蜡丸不仅在广东各地畅销，还外销秘鲁、新加坡等地。在西医强势发展的时期，潘高寿锐意创新，制出堪称中国咳嗽糖浆剂中成药鼻祖的潘高寿川贝枇杷露。抗战胜利后，“长春洞”更名为“潘高寿药行”。进入21世纪，潘高寿屡获好评，被冠上广州老字号、中华老字号、广东省非物质文化遗产等美誉，潘高寿凉茶入选“国家级非物质文化遗产”，潘高寿传统中药文化也入选“国家级非物质文化遗产”。至此，潘高寿成为全国唯一一家拥有“双国遗”的企业。

百年的盛衰演绎，不少老字号药店退出了历史舞台，但有些老店历经风雨仍屹立不倒，潘高寿便是其中之一。敢于改革、不断创新的企业精神，让潘高寿历经百年而不衰，在新时代越发辉煌。

1890 年，潘氏兄弟在广州创立了“长春洞”药铺，以前店后场的模式（前面是店铺，后面是制造药物的工场），出售传统的膏、丹、丸、散等药物。长春洞以“品质为先、以诚为根、以实为本”为宗旨，迅速打响了名号。其主打产品蜡丸不仅在广东各地畅销，还外销秘鲁、新加坡等地。

潘氏兄弟相继去世之后，药铺由潘百世的四子潘郁生出任司理。潘郁生接手经营不久，广州起义爆发。药铺毁于战火，潘郁生改在西关十三行路豆栏上街设店，重新营业。可辛亥革命后，西医对传统中医药的冲击日强，药铺生意一落千丈。潘郁生意识到独沽一味蜡丸难以持久经营，于是决定另辟路径，创制新药。他注意到广州气候炎热多雨，天气乍寒乍暖，人们容易患伤风咳嗽，而市面上销售的枇杷露多是独味单方，治咳疗效不十分显著。于是他便将具有润肺镇咳作用的川贝母和具有祛痰作用的桔梗等药材与枇杷叶一起熬炼，采用西药制剂的炼制方法提炼、调配，还在药里加入香料和糖浆，制出堪称中国咳嗽糖浆剂中成药鼻祖的潘高寿川贝枇杷露。

潘高寿创始人

在广州潘高寿药业股份有限公司成立庆典上，潘高寿后人潘祖芬伉俪（左二、左三）与董事长彭文协（右二）合影留念

药品出来后引起了行业内药师的异议。往止咳的药物里加入糖浆，这怎么行？糖惹痰，而枇杷露是用来治咳嗽的。其实这正是潘高寿想要的效果，适当生痰，人体通过咳嗽把痰以及有害物质排出体外，从而达到保护肺脏的目的，再说加入糖料，良药便不再苦口。

潘郁生为扩大宣传，以父亲潘百世的真像和自己的画像为商标，并特意在自己的画像旁注明潘四叔（潘郁生为潘百世第四个儿子，人称“潘四叔”）创制，印成精致的包装盒，使人容易辨认。他还发起一系列的宣传攻势：拍摄宣传川贝枇杷露的电影广告，作为“画头”在各电影院放映；用薄铁片制作精美的“川贝枇杷露”宣传画片，钉在广州市各条马路的每一根电灯杆上；派员工带产品到各地的轮船、火车上做宣传，在炎热的夏天派人在交通要道摆摊设档，还亲自出马，免费向过往的劳苦大众提供川贝枇杷露冲饮，既让广大街坊群众受益，又收到了良好的宣传效果；他还通过报纸广告做宣传，经常写些奇文怪论在报上发表，引起社会人士注意。很快，潘高寿川贝枇杷露声名鹊起，几年间便成为家喻户晓的治咳药，并行销省港澳以及台湾等地。

历经战乱沉浮，抗战胜利后，潘家后人潘郁生重振家业，以“潘高寿药行”取代了“长春洞”，一直沿用至今。

进入 21 世纪，潘高寿屡获好评，被冠上广州老字号、中华老字号、广东省非物质文化遗产等美誉。2007 年，潘高寿凉茶（72 号秘方及专用术语）入选“国家级非物质文化遗产”；翌年，潘高寿传统中药文化也入选“国家级非物质文化遗产”。至此，潘高寿成为全国唯一一家拥有“双国遗”的企业。

是什么让潘高寿历经百年而不衰，在新时代越发辉煌？是敢于改革、不断创新的企业精神。

适时革新

辛亥革命后，西方思想文化和技术传入中国，西医、西药也随之而来。20 世纪 30 年代，德国出品的止咳药“赫利西佛”进入中国市场。经过一段时间的营销，在华南地区开辟了相当广阔的市场。当时潘高寿的川贝枇杷露疗效好、价格低，是“赫利西佛”最大的竞争对手。

为了获得竞争优势，“赫利西佛”华南地区的代理商不惜砸重金宣传，还煞费苦心地在报纸上刊登征联启事，上联为“穿背琵琶，焉能弹高调”，矛头直指川贝枇杷露，公然打压潘高寿。

面对公开挑战，潘高寿不甘示弱。很快在同一报刊对出下联“黑脷史弗，那得有良心”（粤语“黑脷史弗”谐音“黑你屁眼”）。此联一出，读者哄然，皆笑西洋产品挑衅不成，弄巧成拙。川贝枇杷露不仅争回了面子，其销量也有增无减。

除了药物的疗效，时代的发展对制药的效率也提出了更高的要求，潘高寿的制药手段急需更新。

20 世纪 80 年代，潘高寿的厂房基本都是平房，内部设备简单、残旧，生产主要靠人力。当时产值 500 万元，利润只有 5 万元左右。面对这些局面，潘高寿决定更新厂房和设备。

当时湖南有家药机厂，专门生产制药机器，潘高寿就请专家过来，设计了一条全新的自动生

潘高寿蛇液川贝液全自动液体灌装生产线

白云山潘高寿制剂大楼

产线。但回到厂里投入生产，没过几天生产线就停了，因为大家都不信任新技术。

传统观念上，中药生产就是煲一煲、冲一冲，突然用西药那套方式来改革，大家自然是难以接受。比如：中药药液生产出来，若是自然冷却到常温，要花上好几天的时间，而采用西药水循环方式来冷却，只需要几个小时，但是当时厂里的制药工人都反对。

明明是一件好事，大家为什么都反对呢？经过调查，潘高寿的领导层很快就弄清楚了原因：自然冷却药液需要三天，在这段时间里，工人们不用干其他活儿，而一旦改进了技术，冷却过程只需要几个小时，那么几个小时过后，工人们就需要开始干活了。

虽然考虑到工人的工作负担会增加，但是涉及到生产效率的环节，必须要改。大家不愿意签收新的设备，那就领导来签。当时潘高寿的领导跟当事班长解释为何要用新的设备，并且向当事班长申明态度，“一定要用，如果你不用的话，就撤你的职”。

随着改革开放的不断深入，西药的竞争力变得越来越强。此时一直被戏称为“皇帝女，不愁嫁”的川贝枇杷露不仅面临西药竞争，也一时未能适应新的市场模式，导致大量积压货物，一度停产，“琵琶断弦”的局面。

幸好岭南文化向来有大胆革新的特点，扎根于岭南之地的潘高寿同样具有敢于创新的精神。在此艰难时期，潘高寿根据消费者需求和不同地区的特点，创制出蛇胆川贝液、蛇胆川贝枇杷膏和蜜炼川贝枇杷膏三大产品，与川贝枇杷露一同构成潘高寿的四大招牌药品。

进入新时代，消费者的养肺护肺需求不断提高，为满足人民群众日益增长的治咳护肺需求，白云山潘高寿依据中医基础理论，辨证论治，对症用药，方可根治疾病的原理，丰富治咳产品线；根据有痰和无痰、痰稀白和痰粘黄等不同病症，将咳嗽分为风寒咳嗽、风热咳嗽、风燥咳嗽和肺阴虚咳嗽等几大类，并对症开发生产治咳系列产品，满足消费者用药需求。

白云山潘高寿还深化与连锁药店的合作，为持续提高店员的专业素养，向顾客推荐“优质对症”的产品，提高连锁品牌核心竞争力，潘高寿首倡“咳嗽分类”原则，提出“卖好药才能不伤客，卖对药才有回头客”的口号。通过两句话轻问诊和先诊断后推荐的方法，帮助店员系统学习治咳分类销售，提高店员专业素养和专业销售技能，让店员能精准把握顾客的需求，准确分清咳嗽类别，对症用药，满足顾客真正的健康需求，提高顾客回头率，同时实现药店高毛利和高客流量的双赢局面。

白云山潘高寿专业的“分清咳嗽，对症用药”原则，有利于增强消费者的信任感，连锁药店科学推销高毛利产品而不伤客，既能深层次满足顾客的需求，又能提高产品的推荐成功率，从而提高连锁药店的综合毛利率。

由于潘高寿领导层目光长远、顾全大局，革新的决心十分坚定，潘高寿成功进行了改革。技术和产品不断革新，而“品质为先、以诚为根、以实为本”的宗旨至今未变。

“野狼”扩张

潘高寿向来有品牌意识。

20世纪80年代，潘高寿就与很多名人保持良好的关系。著名歌唱家郭兰英写过一封信给广州市质量协会，感谢潘高寿的产品治好了她的咳嗽。广州质量协会将这封信转给潘高寿，潘高寿立刻派代表去拜访她。后来潘高寿成立了企业文化艺术团，邀请郭兰英担任名誉团长兼艺术指导。在郭兰英的推动下，潘高寿的知名度得到进一步提升。

后来，著名学者、书法家启功也因为服用潘高寿的产品而治好了咳嗽，于是写书法赠予潘高寿，以示谢意。当得知启功的气管炎再度复发，潘高寿公司专门派人前往北京拜访启功，送上蛇胆川贝枇杷膏以及蛇胆川贝液。启功病情好转后，再度挥毫，赠字给潘高寿。

与众多名人的交往，无疑有利于提高潘高寿的知名度。

进入21世纪，市场越来越开放，竞争越来越激烈，“酒香还怕巷子深”。光靠优质产品和名人宣传，传播力度显然不足。中药市场中，同类产品的竞争形势尤其严峻，就止咳产品来说，“太极急支糖浆”“京都念慈庵”等知名品牌纷纷扩张市场，踏足潘高寿的大本营——华南地区。潘高寿虽然在岭南市场名气颇大，但到了北方就逊色许多，区域壁垒一直制约着潘高寿的发展。

“地域性制约发展”不仅是潘高寿的问题，也是很多老字号面临的问题。幸运的是，潘高寿历来都有不断突破空间限制的意识。从前，它就在广州高第街开店，到后来在西关十三行路豆栏上街、杉木栏路、大同路、和平西路等地开店，还在韶关、香港、澳门等地区乃至新加坡设厂经营。虽然这些扩张大多是受天灾、战乱影响，但不可否认的是，这些扩张在客观上让潘高寿的影响力从广州扩展到整个岭南甚至海外地区，潘高寿也在无形中形成敢于扩张市场的传统意识。

2004年，潘高寿部署了一个掌控营销计划——“野狼行动”，这是当年十分著名的全国十大营销事件之一。“野狼”之名象征其策略具备“狼群之势，狼性之猛”。潘高寿以线上、线下的方式进行产品推广，在巩固广东市场的同时，面向全国大打攻坚战，意图在全国打响潘高寿的品牌，树立一个“治咳专家”的形象。

“野狼行动”分为三大战役。第一战役是2005年上半年，潘高寿在包括广东省在内的全国十个重点省、市的市场上，实施空中广告和地面终端推进相结合的宣传策略，开启这十大省市的市场。2005年7月开始了第二战役，潘高寿以同样的方式开启全国除西藏外其他地区的市场。2006年初，潘高寿投入重金，利用强势媒体对品牌和产品进行宣传，在巩固已开辟市场的基础上，发动包括农村在内的全国市场总攻，成功打响第三战役。

国内知名营销咨询专家庞亚辉当时评论了潘高寿的做法，他认为这样的行动存在相当大的风险，相当于把身家性命都投进去了，没有任何退路可言。但潘高寿以不断上升的销量和营业额证明了这次“破釜沉舟”乃明智之举。中国人民大学金融证券研究所首席咨询师施炜评价道，潘高寿是区域品牌通过扩张至全国市场成为全国品牌的成功案例之一。

作为一个百年老字号，潘高寿与时俱进的营销策略取得巨大成功，成为很多老字号的榜样。

责任先行

“治咳”是潘高寿的传统文化遗产，也是它的核心竞争力之一。如今，潘高寿的产品从“治咳”延伸到“养肺护肺”，与现代人关注的肺部疾病联系在一起，着眼到“霾”的问题上，探索中药防霾。

2013 年 4 月，白云山潘高寿联合中华中医药学会成功举办首届 PM2.5 伤害防治研讨会

白云山潘高寿总经理杨东升与复旦大学公共卫生学院环境卫生学教授宋伟民签约

近年来，雾霾问题成为人们关注的焦点，同时人类肺部健康问题受到了广泛关注。

实际上，潘高寿早在五年前就关注到这个问题。2013 年，国际癌症研究机构经研究，指认大气污染是人类致癌原因之一，其中所含的可吸入细颗粒物（PM2.5）被认定为一类致癌物，危险程度与烟草同级，容易诱发肺癌。潘高寿敏锐地意识到肺部健康问题未来必定成为人类健康的一大威胁。当年 4 月，潘高寿成立国内首个专门用于资助 PM2.5 伤害防治的基金——广药潘高寿“绿肺基金”，以此支持 PM2.5 伤害防治研究以及相关的公益活动。同年，潘高寿携手上海复旦大学公共卫生学院启动了国内首个 PM2.5 伤害防治研究项目，其“三个一”项目引起社会的广泛关注，也开了中医药领域对 PM2.5 伤害预防与治疗的课题先河。

作为一家中药企业，潘高寿发挥了自身的优势，用中药抵御 PM2.5 对人体的伤害。但中药真的能做到吗？历时五个月，潘高寿拿出一份研究报告，解开了大众的疑惑。

复旦大学研究人员通过对潘高寿治咳川贝枇杷露和蜜炼川贝枇杷膏进行活体动物药效学研究后，得出结论：PM2.5 对人体肺部危害极大，而潘高寿的治咳川贝枇杷露和蜜炼川贝枇杷膏对 PM2.5 伤害有防治作用。

五个月里，研究人员拿着大流量采样器，在上海徐汇区非工业区采集了大量大气细颗粒，然后制作细颗粒悬浊液，把悬浊液滴进实验大鼠的气管里，建立肺损伤模型，观测不同对照组的体征、肺重比等关键生化指标以及鼠肺损伤程度。之后又加入潘高寿的两种药物做实验，终于用科学实

2014 年 10 月，白云山潘高寿通过广东省红十字会向京津冀“雾霾重灾区”的环卫工人捐赠了一批价值 558,000 元的养肺护肺产品

验证实了潘高寿的药效。

药效不是仗着百年老字号的头衔自夸的，而是用科学数据说话的。

在科研方面，潘高寿积极加强与国内顶尖院校合作，除复旦大学外，目前也已启动与广州中医药大学的合作，对两款产品在预防肺癌方面进行深入研究。

潘高寿认为，预防比治疗更重要，并大力呼吁市民要防患于未然。2014 年，全国“两会”高度关注雾霾治理问题。潘高寿适时公开发声，建议设立国家“护肺日”，希望代表委员们既要关注治理，又要呼吁社会关注肺部健康，增强养肺护肺意识。同年，“绿肺基金”捐赠了一批价值近 60 万元的护肺产品给广东省红十字会。物资分发至京津冀地区环卫工作者手中，帮助改善环卫工作者的肺部健康情况以及促进当地开展肺部保健工作。

直到今天，潘高寿关注治霾的脚步仍未停止。

历史的长河蜿蜒曲折，铸造潘高寿的百年辉煌。坚守传统、敢于创新，还有强烈的社会责任感，这就是潘高寿的良好家风，也是这家百年老企业历久弥新的源泉。

（作者：张晓棠　何钻莹）

参考文献：
1. 林沃亮：《生金记》，大众文艺出版社，2011 年版。
2. 中国老教授协会编审委员会：《中国经典品牌故事》第一辑。
3. 黄每裕：《怀抱“琵琶”打天下》。
4. 张辰：《潘高寿“南方的狼”能成功走向全国吗？》。
5. 张少春：《非物质文化遗产的资源转化：一个老字号止咳药的工业故事》。

六

敬修堂

家风建业施良药
百年逐梦敬修堂

古人常将家与国并论，“家国天下”即是先有一家，后有一国，最后形成天下。家训是中国文化的产物，也是中国家风文化代代相传、绵延长久的重要支柱。良好的家训是一个“好家风”的开端，也是一个家族企业的灵魂。敬修堂这个跨越了四个世纪的老字号，在钱家“家训”“家规”的影响下，得以长久发展。也因一代代敬修堂人对家风文化“敬业修明、广施妙药”的坚守，敬修堂从一间小作坊磨砺成大型中成药企业，并将继续辛勤耕耘，续写不朽传奇。

敬修堂黄岐生产基地

敬业修明

清朝乾隆年间，在浙江慈溪县慈城骢马桥边，有一间句章绸缎庄，其东家钱克昌，是五代十国时吴越国王钱镠的第二十五代孙。钱克昌有六个儿子，钱澍田排行第二。因其祖上经营药业，从小受到家人熏陶而热爱医籍。钱澍田常常沉浸其中，尤其醉心于《内经》《伤寒论》和《本草纲目》，自小立志“不为良相则为良医”。钱澍田多次应秀才考试均未入选，之后便继承祖业，来到广东从事丝绸生意。经商之余，他根据自己行医多年的经验，带着自制的丸、散、膏、丹，对沿途病患施医赠药，因此积累了良好的声誉。

1790 年，广州一富商一岁多的儿子高烧不退，听闻钱澍田的医术高明，便请他相助。钱澍田外施拔痧手法，内灌小儿回春丹，很快把富商儿子治好了。富商感激不尽，建议他在广州开店，服务民众。并在广州城南门口太平桥（今人民南路175—179号）赠了一间房子给他。

同年，敬修堂在广州城南门口挂牌营业。“敬修”意为“敬业修明”。敬业者，专心致志以事其业也；修明者，积极进取发扬其业也。

敬修堂初期经营的药品以回春丹、如意膏为主，白凤丸为辅。钱澍田在经营上重义轻利，遇到贫苦百姓，都不吝解囊相助。敬修堂在钱澍田及其后人的主持下，坚持以诚心为本，奉行良药精制，业务迅速壮大。到了清朝道光年间，敬修堂的规模从当初的一间小屋不断发展，兴建了三间营业铺面和三层砖木结构的生产厂房，生产工艺和管理也日渐改进。

直到公私合营之前，敬修堂都是一个典型的家族式企业。“家文化”是很多家族企业失败的原因，但敬修堂在钱家“家训”“家规”的影响下，得以长远发展。

钱氏家规由“武肃王八训”“武肃王遗训”和“钱氏家训”三部分组成。“武肃王八训”是吴越武肃王钱镠于乾化二年（912年）正月订立。家训以晋代以来大族衰亡为鉴，“上承祖祢之泽，下广子孙之传”。临终前他又留下十条“遗训”，对其精心创立的“家训”作了最后的强调和补充。

而《钱氏家训》，传为忠懿王钱弘俶总结钱镠“起居录”所作，他领悟到“创业容易守成难”的真谛，以儒家“修身齐家平天下”的理念为框架，将家训分为个人、家庭、社会、国家四个部分，体系上更加完备，内容更加翔实，如“持躬不可不谨严，临财不可不廉介”就是告诫后人要克己奉公、严格要求自己；“勤俭为本，忠厚传家”是告诫子孙必须勤俭持家；“敬老怀幼、救灾周急、排难解纷、兴启蒙之义塾，设积谷之社仓”则是教育子孙后代要发扬仁爱正义、助人为乐的精神。此后《钱氏家训》便成为钱氏家族世代相传的无价宝典和精神遗产。

在敬修堂黄岐生产基地办公楼的显要位置，一块长约2米、宽约0.5米的黑色石碑砌在员工上班必经之路的墙上。石碑上记载着钱氏家族企业敬修堂200余年毅然不倒的原因。

1867年，钱家后人分作乾、坤两房，乾房下分金、玉两房，坤房下分仁、义、礼、智、信五房。1876年，各房立下详细而严密的九条规定，并于1883年刻于石碑。

九条规定分别是：

一、利益分配。敬修堂所得分授以仁、义、礼、智、信五房各得一股，金、玉两房各得两股半，共计十股，盈亏按股内派。由于敬修堂不是采用长子继承制度，所以不像其他中成药店由长房管理整个店铺的经营，而是采用聘用司事、督理来管理，各房如要透支店内资金都要按时还清，否则督理会追究责任。

二、透支行为。敬修堂禁用透支，各房在经营中的余利必须统一汇归，不得向店中支用银两。万一有要紧事须借用店中银钱进行紧急处理的，则必须在归还后做记录。如发现有舞弊亏欠等项目，

敬修堂创始人钱澍田

1883 年钱家家规立碑

则由督理及该房分别赔偿。

三、分红方式。敬修堂所得的所有余利都必须汇归于本堂，这些余利将分四季分别汇入各房的账户，如果某房有未清的账目，那么等结算完毕后，才能汇入其应得的分红。

四、用人制度。敬修堂的总经理不是指定的，而是由家族成员先做见习经理，若表现优秀，才正式交权。到了清光绪末年，总经理一职甚至交给非家族人员担任，这一传统一直延续到 1956 年公私合营的时候。除总经理外，还特设司事一人，司帐一人，七房可以派人亲往督理，大家和衷共济。

五、亏欠追债。

六、保存世业。

七、屋契保管。

八、药料和药方管理。敬修堂心存济世之心，因此精心设置药科，一切进货务必格外精细、选择地道。恪守先人留下的药方，虔诚修制上等药品。杜绝弄虚作假、贩卖假药的现象。

九、置办义田。

九条规定涉及利益分配、透支行为、分红方式、用人制度等，几乎定下了中国制药企业早期管理制度的雏形。从石碑内容可以看出，敬修堂的先辈们严谨的管理意识与现代的管理制度有异曲同工之妙。正因为这样，作为旧时代典型的家族式企业，敬修堂不仅没有受到“家文化”的束缚，反而依靠家族的凝聚力成为百年企业。

广施妙药

敬修堂人一直秉承着创始人钱澍田悬壶济世的宗旨，用自己的努力回报社会，服务患者。“制药虽无人见，存心自有天知。”

百年石碑揭示了基业长青的奥秘，除先进的管理外，强调诚信经营、药品精制是另一个重要的因素。

古时对药材的检验方法一般为“眼看、手摸、鼻闻、口尝”，而对药材的炮制加工则要靠制药人的手艺。为保证产品质量，敬修堂聘请的师傅便是中华人民共和国成立前广州“四大药工”之一，所以敬修堂的传统产品“回春丹”“跌打万花油”等质量可靠，疗效确切，远销海内外。

1956年，国家开展对私营企业的社会主义改造。以敬修堂老厂为基础，先后并入万灵堂中药厂、

敬修堂员工加班生产救灾药品

20世纪80年代初改造中的人民南厂房

张安昌中药厂、邓可安佐寿堂药店、黄贞庵药局等八家私营企业和邓俊庭、岐芝堂等14家私营企业，组成了“广州敬修堂联合制药厂”。

实现了资源整合后，敬修堂根据各家合并药厂的特点制定了一系列质量管理办法。传统中成药容易腐烂变质，不宜久藏，包装不好很容易影响质量。1957年敬修堂联合制药厂生产了一批寸金丹，其中一小部分由于包装问题且存放时间过长，出现质量问题而遭到顾客退货。

于是敬修堂吸取教训，推出工号制度，即在包装上打上包装工人的工号，其所生产药品直接与个人挂钩，加强管理。同时大范围改良了中成药的包装技术：配合适当的蜜糖、甘油，使蜡丸的丸身较软，再加糯米纸，使蜡丸不黏纸壳；在电木盒内增加过蜡小纸盒，使其不受潮；淘汰净白含碱性重的包装瓶，改用防止发霉发雾的粉色瓶；小丸类药品过去用纸筒装潢，易发霉发潮，因此改用棕色玻璃瓶……

20世纪六七十年代，敬修堂的重点产品有伤湿止痛膏、喉症丸、跌打万花油、复方土槿皮酊、肥猪菜（兽用药）等，其中最负盛名的是跌打万花油。人们一般只知道它是跌打、刀伤的“救护神”，但它的作用仍在不断开发中。

比如上海一位老人几十年苦于痔疮缠身，一次他错把万花油当痔疮药使用，颇感舒服，三个月后痔疮竟然痊愈了；一位医师还在用药实践中证明，万花油在配合正骨推拿与针灸的治疗中有促进作用。

为了继承200多年来敬修堂“善尽社会责任”的优良传统，除了坚持精制良药，公司还经常发起各类公益活动，向全国各地有需要的地区赠送大量药品。

1987年5月21日《大公报》报道，黑龙江省境内大兴安岭森林区由于山火，造成了严重的经济损失，生产资料及人民财产损失达四亿余元。扑灭火灾需要人员，救灾需要粮食、药品，敬修堂委托黑龙江省驻穗办事处代为转交其捐赠的两万元以及跌打万花油、羚黄宝儿丸、麝香跌打风湿膏等灾区急需药品，价值折合人民币20,424元。

在2003年全国范围内的抗击非典型性肺炎的斗争中，敬修堂全体职工加班加点努力生产，保障了药品供应，并积极向社会提供捐赠：向北京小汤山医院捐赠抗“非典”药物总值34,000多元，并向公司和厂区附近的单位和企业赠送了价值一万多元的药品（清热消炎宁、板蓝根颗粒等）。

2008年南方冰灾和汶川大地震接连发生，敬修堂倡导员工发挥爱心、慷慨解囊，企业及员工捐款捐药共计232万元。为抵御雪灾灾害，大年初一，敬修堂与广东电视台“今日关注”爱心基金会及广东部分医院赶赴受灾最严重的地区——始兴县澄江镇，为灾民送上米、油、面等价值九千多元的食品和价值一万多元的清热消炎宁等药品；五六月份，敬修堂更是第一时间关注四川

震区人民 及时捐赠价值12万元的药品、食品和现金99,355元。随后，又筹得善款36,177元用来援建文川县安置房。

敬修堂历来热心社会公益事业和慈善活动，每年对外捐赠不下30万元，其中为贫困地区和各种基金活动捐赠物资达10多万元，捐赠给市慈善会、老人院等物资达20万元。从2005年到2008年，敬修堂向慈善门诊捐赠药品共计达652万元。2009年起，敬修堂更向社会承诺，连续三年每年向广州市慈善会捐赠120万元共计360万元的药品，供慈善门诊使用，并冠名广州市28家慈善门诊。

改革创新

“文革”期间，敬修堂的工业总产值徘徊在300万—400万元之间，利润总额起伏于30万—70万元之间，企业发展停滞不前。至20世纪70年代中期，企业的固定资产只有38万元，面临“厂房老、设备老、人员老”的退化状态。

1978年，肖承同志临危受命，担任改革开放后敬修堂第一任厂长。他原是广州市中药总厂团委书记，1974年调到敬修堂。当时不到40岁的他深知自己登上的并非一艘舒适平稳的客轮，而是一叶扁舟：全厂只有一栋2000平米的旧木楼，一台0.48吨的锅炉和跌打万花油、风湿止痛膏等传统产品，职工文化水平低，厂房老、设备老、人员老。

肖承从改善各科室管理、整顿生产入手，全厂生产很快得到转机。同一年，他为企业做了一件意义深远的事。他从废物堆里寻回“园田牌”商标，并恢复它的商标注册，同时重新挂起广州敬修堂药厂的招牌。他深知一个名牌商标和名牌企业的价值是不可估量的，只有把优秀传统和现代理念结合起来，企业才有蓬勃的生机。

他被同事视为改革先驱，自1978年以来，他积极响应广州市历次经济体制改革，无论是早期的企业整顿、经济承包责任制，还是后来建立现代企业制度和成为规范化股份责任制企业，敬修堂都是改革浪潮中领航的试点单位。

与有些医药企业只有一两个盈利产品不同，敬修堂在肖承的引领下，开始走一业为主、多元经营的道路，保证每年都有新产品推出，从而有效地保证了利润的稳定和增长。在追风透骨丸和中风回春丸盈利很好的情况下，敬修堂将目光投向了中药现代化生产，并从国外引进先进设备，生产非常有前途的中药胶囊系列产品。用肖承的话来说，“只有多种产品才能使企业充满活力，

1992 年广州敬修堂（药业）股份有限公司成立

因为敬修堂就像一间大厦，需要几十根支柱撑住才能稳当”。

改革开放 10 年后，敬修堂由原来只有 38 万元固定资产的作坊式小药厂迅速发展为厂房面积达 2 万多平方米、生产品种达 140 多个、固定资产超亿元的大型现代化中成药制药企业。

1992 年 12 月，敬修堂改制为股份有限公司，成为广州市首家成功转制的国有工业企业。公司总股本为 6623 万元，其中国家股占 83.9%，内部职工股占 16.1%。通过企业股份制改造，员工的命运与企业紧密相连，主人翁的责任感增强了，企业更显活力。

正当企业内部大刀阔斧进行改革时，平静的医药市场发生了突变。1982 年，支柱产品跌打万花油、伤湿止痛膏滞销，订货合同数量大减，产品大量积压。

肖承分析市场行情之后，敏锐地意识到传统产品是祖先留下的珍贵遗产，但很可能成为禁锢现代人的思想牢笼，只有顺应市场才能获得发展。于是他带领一班人马，往返奔波于江西、河南、河北等地，凡有药材交流会的地方都留下他们摸索的足迹。

通过调查发现，全国生产类似伤湿止痛膏的工厂竟有几十家之多，肖承决定加强建设产品开发技术队伍，专门成立了开发新产品的研究所。首先见成效的是与上海医药工业研究所合作研制的栓剂系列产品。栓剂通过肛门给药，由直肠吸收药物，无副作用，使患者不用打针、吃药就能达到治疗效果。

随后，肖承同志从电视广告上看到大量药物牙膏问世，深受启发，断定牙痛药是社会所急需。他广查药典，亲自为研究所选题。1987年，牙痛一粒丸研制成功。自肖承任职以来，敬修堂每年都有五六个新产品投放市场。

为了加强经营队伍的建设，肖承除了实行公开招考、择优录用销售人员外，还把乐于搞销售，又懂专业的大学生安排到销售科。当过供销员的肖承，不仅亲自给供销人员上课，还请专家讲授市场管理学和市场心理学，使供销人员业务水平很快提高。

经营管理持续创新、领军人物人才辈出是敬修堂不断发展的真谛。1999年开始，广药集团陆续委派新一代主要领导到敬修堂任职。当时的班子选定有实力、信誉好的经销商，成立片区销售管理机构，推行助销制，加大广告投放，加强产品终端的推广力度，开展有效的药店促销，建立权威性的医院专家网络。

时至21世纪，在广药集团的战略指导下，敬修堂销售网络遍布全国，多个产品进入了东南亚及欧美市场。2002年销售突破两个亿，创利税四千多万元。敬修堂不断更新经营思路，并将现代营销理念付诸实践。2005年，敬修堂的领导班子进一步传承“敬业修明、广施妙药”的宗旨，针对中药现代化必须解决的三大问题（一是农药残留问题，二是检测中药成分的标准问题，三是药品的作用机理问题），卯足劲下足功夫。首先建立了GAP（中药材生产质量管理规范）药材基地，

敬修堂荣获广州质量品牌故事大赛“优秀品牌故事奖”

培训和教育农民不能随便使用农药，严格控制药材从培植到加工的每一个过程，保证原材料的质量，解决中药原材料农药残留的问题。接着，与暨南大学中药及天然药物研究所等机构合作，运用指纹图谱质控技术，解决成分复杂、有效成分不明确的植物药质量检测和产品批次间质量差异的问题。这项技术使得中药质量与其药效真正结合起来，对于提高中药质量、促进中药现代化有重要意义。同时，班子主要领导对企业营销工作也做了大量的研究。敬修堂的优势品牌早已确立，产品格局早有雏形，但始终未有一个明确的发展方向，产品比较散乱，不利于资源集中。在这种情况下，班子主要领导确立了打造风湿跌打痹痛类药物全国专业品牌和清热解毒类区域性首选品牌的长远战略目标。

由此，敬修堂推出了“三剑客”行动。“一剑客”包括追风透骨丸、风湿定胶囊等口服制剂；“二剑客”包括玉龙油和跌打万花油等；“三剑客”包括麝香跌打风湿膏、琥珀止痛膏、伤湿止痛膏等。三种剂型构成了敬修堂风湿跌打的立体治疗体系，既可独立运用，又可根据病情联合运用。

为了保证“三剑客”行动顺利实施，敬修堂从广大消费者尤其是农村消费者的消费能力角度出发，将价格定位成低价路线。同时不遗余力地开展对老产品的二次开发，运用现代科技改变生产工艺，提高疗效，减少服用量，提升老产品的科技含量和核心竞争力。

除了药品生产外，2005 年起敬修堂借助自身的人才、技术、设备、品牌优势，开始涉足日化市场，运用中医药理论和现代制备工艺开发功能性中药化妆产品。中药草本面贴膜、万花足疗、天然美体修护、口腔护理系列等产品刚面世就受到广大消费者的好评和信赖。

党的十九大胜利召开，提出“实施健康中国战略”，“坚持中西医并重，传承和发展中医药事业”，使传统中医药企业迎来了难得的历史发展机遇期。敬修堂将致力把“敬业修明、广施妙药”的立业宗旨发扬光大，充分发挥传统中药的特色优势，大力推进继承与创新，努力为大南药的发展壮大、为中医药这一中华文明瑰宝焕发新机贡献自己的力量。

如今，历经百年沧桑的敬修堂将继续辛勤耕耘，续写不朽传奇。

（作者：张晓棠　何钻莹）

参考资料：

1. 黄心武：《天地方圆》。
2.《敬业以精、修明唯诚——广州敬修堂（药业）股份有限公司发展史》。

七

白云山光华制药

悬壶济世　光大中华

作为我国华南地区历史上最早的西药厂之一，白云山光华以其厚重的历史文化底蕴，形成自身独特的优秀文化。多年来，光华以科技领先、靠质量取胜，曾先后被评为广州市百年老字号企业、广州市著名企业、“广州市守合同重信用企业”、“广东省技术创新优势企业”、“广东省企业技术中心”、“全国医药行业质量效益先进企业”“高新技术企业”和中华老字号。光华首创的小柴胡颗粒誉满天下，被广东省列入非物质文化遗产名录，弘扬了中医药国粹。光华的命名，源自孙中山所题“悬壶济世，光大中华”，光华的历史，亦如这个企业的名字一样熠熠生辉。

公司全景

广州白云山光华制药股份有限公司，于辛亥革命后不久的 1912 年诞生在珠江之滨，是一家有着百年历史的老国有控股企业，沿革于唐拾义药厂。在百年的历史发展进程中，光华人始终秉承“以科技创造领先，以质量铸就品牌”的理念，始终坚持追求“和谐进取，传承历史，以人为本，强调诚信与责任，实现员工、股东与社会价值共同提高”的企业核心价值观，为国家西药制剂发展作出了应有的贡献。

光华寓意“光大中华”。光华的历史，正如这个企业的名字一样辉煌。

1956 年，光华出现了第一位全国劳动模范，并受到毛主席等党和国家领导人的接见；1978 年出现了第一位全国人大代表；1985 年荣获全国首家化学制剂药品国家金质奖；1987 年经联合国基金组织考察，并经国家批准，承担了我国制药企业第一个国际合作项目：联合国人口活动基金组织避孕药项目；1993 年荣获“广东省五一劳动奖状”；1996 年承担了国家援建柬埔寨金边第一制药厂专家组任务；2000年光华又以其完善的质量管理体系，赢得了英联邦TGA认证；2006年成为联合国定点药品采购企业；2009年被评为广东省高新技术企业；2010年被评为全国模范职工之家；2012年，光华人又通过长期不懈努力，把东汉医圣张仲景的《伤寒杂病论》经方小柴胡汤，结合现代制药技术，首创小柴胡颗粒，并将其打造为全国著名品牌产品，被广东省列入非物质文化遗产名录，弘扬了中医药国粹，其小柴胡颗粒新制法获得了国家发明专利；2015年荣获广东省老年用药工程技术研究中心；2017年被评为广东省级企业技术中心，小柴胡颗粒剂及其制备方法亦获得广州市科学技术三等奖……

多年来，光华因科技领先、靠质量取胜，曾被评为广州市百年老字号企业、广州市著名企业、广州市"守合同重信用企业""广东省技术创新优势企业""广东省企业技术中心""全国医药行业质量效益先进企业""高新技术企业"和中华老字号。

白云山光华凝聚全体党员干部职工，不畏困难，务实科学干事创业，使这家百年老企业迈上了改革发展的新台阶。

创新基因

白云山光华沿革于唐拾义药厂。1912年7月，广东人唐拾义在广州下九路华林街（光雅里）创办唐拾义医馆，挂牌专治伤寒喘咳症。由于求医者数量日增，唐拾义把诊所及制药工场迁址到下九路69号，并为国民革命军提供药品，因而获得孙中山所题："悬壶济世，光大中华"（唐拾义药厂后更名为广州光华制药厂）。

清末民初，西医、西药已随教会传入我国。唐拾义可谓得风气之先者。年轻时，他就在广州博济医院学西医，成绩优异，后赴日本大阪医科医药专门学校留学。1912年，唐拾义卖掉乡里田产，得300块大洋，只身来到广州，在下九路华林街（光雅里）开设医馆，医馆渐渐以治咳喘及自制咳丸、哮喘丸而扬名。

唐拾义

当时的唐拾义，就已经极具开拓精神与创新意识。

早在1924年，唐拾义已认识到冲破岭南地区地理位置限制的必要性，在上海爱多亚路（今延安东路）设厂制药。后来，唐拾义又在天津、汉口、香港等地设分厂，不断扩大经营规模。

全国劳动模范、光华优秀工人代表陈雨池参加 1956 年 4 月在北京举行的全国先进生产者代表大会，受到毛泽东等党和国家领导人接见

1931 年，唐拾义率先采用机器制药，并研制新药“疟疾丸”“疳积散”，并大获成功。曾当选全国劳动模范的光华员工陈雨池，回忆了他在 1940 年入厂的经历。他进入唐拾义药厂次年，便被派往上海，学习“疟疾丸”的制造方法。一年后，陈雨池学成回到广州，成为唐拾义第一批做“疟疾丸”的员工。他至今对唐拾义新药的畅销情景印象深刻：“那个年代卫生条件不好，全国有很多人得疟疾，许多外地人打着油纸伞来广州、上海买药，供不应求，为保证供应量，唐拾义药厂不得不限制每个人购买药物的数量。”

此外，唐拾义注重品牌意识，在药品包装上冠名“唐拾义”，并著上他本人椭圆形半身像。为使一些主药原料（如盐酸麻黄素）不用进口以减少成本，唐又设厂提炼出麻黄素及驱虫中药的有效成分，代替价格贵、无中文说明、农民难接受的外来药，其药畅销国内城乡乃至东南亚，起到抑制进口药品的作用。

唐拾义药厂的创新精神和品牌意识，为光华一百多年来“以科技创造领先，以质量铸就品牌”的精神奠定了杰出的精神基因，也为提升国民健康素质、光大中华医学，作出了令人瞩目的贡献。

紧跟时代步伐

作为一个有创新精神的百年老字号企业，光华总是能紧跟新时代的步伐。

中华人民共和国成立后，唐拾义药厂被人民政府接收，其发展亦获得新的活力，前进的步子更快了。1950 年，药厂设立药师，设置了化验室，使产品质量有了保证；1951 年增设片剂车间，1954 年增设针剂车间，厂房分布在荔湾区一带；1952 年成立工会和共青团委员会，1954 年成立党支部。

1956年，唐拾义药厂出现了第一位全国劳动模范陈雨池。同年，唐拾义与健成药社、陈一鸣成药社等八间厂社合并为广州市唐拾义（公私合营）联合制药厂，1964年改名为广州市公私合营光华制药厂，1968年又与人民药厂（民安制药厂）合并，改名为广州第七制药厂，经营产品有片剂、胶囊剂和丸剂三大类。

20世纪50年代，国家急需疟疾丸，而该药的主要原料奎宁粉要靠进口，用国产的原料又无法解决药片破裂的问题。陈雨池还记得药片破裂的难题，当时药厂的很多药师都拿它没办法。陈雨池虽然不是技术人员，但有多年的制药经验，他主动承担技术攻关，带领攻关小组开动脑筋，经过多次试验与实践，终于攻克难题，成功生产出国产化的疟疾丸，满足了国家的需要，为国家节约了外汇。

因为他在技术攻关中的杰出成就和多年来兢兢业业的工作态度，陈雨池出席了1956年的全国先进生产者代表大会，并当选全国劳动模范，受到了毛泽东主席、周恩来总理等党和国家领导人的亲切接见。“在怀仁堂见到毛主席，他非常高大威武，我感到非常兴奋。”如今已是93岁高龄的陈雨池，说起话来非常清晰、平稳，而提到被国家领导人接见的经历，他的语气就激动起来。

进入改革开放时期，光华亦迅速跟上了时代步伐。当时的光华，成为国营企业扩大自主权试点单位。

而这一时期，光华的产品研发也迅猛发展。经过临床研究，光华的工程师邹克明（后成为广药20世纪90年代总工程师）与何国光师傅等人合作，首创治疗伤风感冒效果显著的新药——速效伤风胶囊（现氨咖黄敏胶囊）。从1980年开始，速效伤风胶囊大量投放国内市场，获得了较好的社会效益和经济效益。也是在这一年，光华被列为国家医药重点企业。在国家的大力支持下，光华成为我国医药企业首批全面进行厂房技术改造的企业，先后从国外引进了一大批具有先进技术水平的设备及检测设备。由于坚持单机引进、逐步配套的方法经验，工厂的“硬件”得到了极大的改善，为企业的技术发展奠定了良好基础，受到了中央、省市有关部门的高度评价。1981 年 9 月，广州第七制药厂改名为“广州光华制药厂”，正式注册“禾穗牌”商标。

随着国有企业进入经济体制改革时期，1985 年光华成为首批实行厂长负责制的企业，一批年富力强的中青年干部，走上了光华的各级领导岗位。在改革的带动下，光华全面推行经营机制转换，加强新产品研发，率先推行质量否决权制度，普及 QC 活动，率先推行 GMP 管理，首批推行企业文化建设试点。1987 年，光华又承担了第一个国际合作项目——联合国人口活动基金组织避孕药项目。

经济体制改革，带来了企业全新的发展，也使光华进入了历史上最好的发展时期之一。光华的氨咖黄敏胶囊（原速效伤风胶囊）、息喘灵片分获国家质量金、银奖，脑络通等多个产品获国家、省、市等其他多项荣誉。1989—1990 年，光华晋级国家二级企业、国家一级计量企业，获国家质量管理奖；1991 年被评为“七五”期间国家医药管理和省科技进步先进企业，被国家人事部、国家医药管理局授予“先进企业”称号；1993 年荣获广东省“五一劳动奖状”先进集体、全国医药行业 50 家最佳经济效益工业企业。

1992 年，国有企业进入新一轮改革时期，光华又走在了时代的前列。经广州市批准，光华被列为第一批十六家“放开经营、综合改革”试点企业。同年 12 月，广州光华制药厂被广州市政府正式列为首批股份制改制试点企业，广州光华药业股份有限公司成立了。次年，公司各项技经指标创下历史最好水平。1991—1993 年，光华连续三年实现利润超千万元。1993 年，随着党的十四届三中全会召开，国有企业全面进入现代企业制度改革。光华又被广东省政府列为建立现代企业制度试点单位。1996—1998 年，光华承担了国家援建柬埔寨金边第一制药厂专家组任务；1996 年被国家医药管理局和中国医药质量管理协会授予“全国医药行业质量效益型先进企业”；1999 年被评为首批广东省技术创新优势企业；2000 年获得英联邦 TGA 认证。

2005 年 7 月，广州光华药业股份有限公司更名为广州白云山光华制药股份有限公司。公司继续坚持“以发展为第一要务”，推进“以科技创造领先，以质量铸就品牌”的理念，推进企业改革发展，在经济效益和社会效益上齐头并进，成绩显著：2005 年，光华被评为中国质量信用企业（AAA 级），全部剂型率先通过国家 GMP 认证；2006 年进入广东省医药产业 50 强、广东省医药行业化学药品类 20 强，同年成为联合国定点药品采购企业。“禾穗牌”商标连续多年被评为广东省著名商标、广州市著名商标，且在 2010 年被评为广州老字号；2011 年，公司荣获“中华老字号”称号，小柴胡颗粒制作工艺被列入广东省非物质文化遗产名录；2012 年，小柴胡颗粒及其制备方法获国家发明专利；2015 年被评为广东省老年用药工程技术研究中心；2017 年被评为广东省级企业技术中心，小柴胡颗粒剂及其制备方法亦获得广州市科学技术奖三等奖……2017年末，光华的销售规模将近7个亿，其中小柴胡销售额达3个亿，头孢地尼胶囊单品也取得销售1亿元的成绩，成为光华第二个亿元品种，实现了销售工作的新突破。光辉的成绩不胜枚举，进入新时代后，光华始终不会停下改革创新的脚步。

科技领先，质量取胜

“以科技创造领先，以质量铸就品牌”，是光华在生产管理与科研创新上的最佳写照。从1970年11月进入光华参加工作到去年正式退休，汪宗仁见证了光华这一延续数十年的优良传统。

在1946年出生的汪宗仁身上，我看到了同样在他的前辈陈雨池身上体现出来的踏实敬业、刻苦钻研的作风。1970年进入光华，大学毕业的汪宗仁从原料车间的工人做起，在老师傅的带领下，“白手起家”，参与新车间的建设。“原料车间的基建全部自己动手，连管道安装我们都自己做。虽然都是没有做过的活，但当时没什么压力，年轻人嘛，每当碰到新的工作，就想着‘正好能锻炼自己，上！’”

1970年末，汪宗仁被调到科研组。跟随老师傅学习的他，也已经“出师”，成了熟练工。“科研组是我们几个资深工人组成的，我们是当时八级工，很有经验。”当时，一些国营企业实行八级工资制，按年龄、技术把工人分成八级，根据级别发放不同的工资。“光华的技术水平在当时的制药行业是比较高的，所以有许多八级工。”汪宗仁说，整个20世纪80年代，光华的科研力量一直在发展，随着科研项目与高素质的科研人才越来越多，“科研组”变成“中心实验室”，又变成“研究所”“技术开发部”。

就这样，汪宗仁从工人到技术人员，一直做到研究所所长、技术开发部部长、总工程师。40多年来，他始终专注于新产品的开发与推介、现场工艺和科研项目的研究工作。

即使成为科研部门的“领导”，汪宗仁依然工作繁忙，丝毫没有懈怠。“做科研不可能8小时工作制，有时候没有正常下班，因为一个实验要做完才能下班。员工们也很自觉，自己做自己负责的项目，不需要我监督，碰到困难会主动和我交流。”

光华的副总经理、高级工程师马蓉，对汪宗仁的印象是“很有学者气质”。1996年，马蓉从沈阳药科大学毕业加入光华，2003年被任命为生产技术部副部长兼制剂车间主任。“那个时候，汪总（汪宗仁）是公司的总工程师，经常指导我们工作。汪总是一个很平易近人的人，学术上非

2011 年 11 月，光华参加第十届张仲景医药科技文化节，被确认为医圣千年古方小柴胡传承企业

光华公司出访日本安斯泰来制药株式会，就进一步加强代理品种头孢地尼合作进行洽谈

常严谨。向他请教问题，他都是微笑地面对你，很温和。”

在马蓉心目中，汪宗仁“研发能力极强”，“他们那一代科研人员对光华的贡献非常大”。在汪宗仁的带领下，光华先后有超过 60 个产品获卫生部生产批文，9 个新产品荣获国家、省、市奖励：速效伤风胶囊等获国家级科技进步奖，美沙芬片等获省优秀新产品奖，活性钙片及冲剂等获市科技进步奖等。他多次被评为光华、广药集团先进科技工作者，1992 年获“广东省十大杰出医药科技工作者”荣誉称号，1996 年被评为省医药管理局“八五”科技先进工作者，2012 年被评为广州市市级非物质文化遗产项目（小柴胡制剂方法）代表性传承人。

千年古方小柴胡

20 世纪 90 年代，光华制药厂首创小柴胡冲剂。小柴胡方源自东汉医圣张仲景所著《伤寒杂病论》中所记载的“小柴胡汤”，其古法制作工艺“去滓再煎法”，是《伤寒杂病论》中所记载的六种中药经典煎煮古法之一，至今已有 1800 余年历史。

光华的小柴胡冲剂，患者在服用前以温水溶解，还原为汤剂，既保留了古法制剂功效和服法，又便于携带和保管，被誉为古今接轨代表方，是现代技术和传统工艺结合的创举。2000 年，国家将光华制药厂首创的小柴胡颗粒工艺收入《中国药典》。

在 2003 年抗击“非典”中，小柴胡方以救治数十名非典病人，创下无一例死亡、无一例残

前排右一为小柴胡传统工艺的第九代代表性传承人汪宗仁，后排为原光华总工程师、国务院特殊津贴专家邹克明

小柴胡传统工艺的第十代代表性传承人——马蓉

废的奇迹而扬名。小柴胡颗粒等药品被列入“广东省抗击非典专用药物”，光华被评为“抗击非典先进单位”，而当时主管生产的马蓉也被评为“广东省医药行业抗击非典先进个人”。2009年初，小柴胡方在抗击全球“甲型流感”疫症中以两天退烧并退热不反弹的疗效胜于西药达菲的临床结果，延续了中医药的功效，在世界医药史上创造了新的奇迹。

汪宗仁强调，即使是同样的方子，不同的工艺和原料，也会影响疗效。“药材不偷工减料，工艺坚持高标准，疗效才有保证。例如小柴胡颗粒的主要原料之一——半夏，就有水半夏和旱半夏之分，不同等级的柴胡价格差别非常大，不同产地、生长年限的黄芩，虽然能达到药典标准，但药材有效成分含量差异非常大。”

值得一提的是，由于近代中药西化的影响，如日本，曾将小柴胡汤以单味提取制成颗粒，改变了小柴胡的功效，使副作用增加。20 世纪 90 年代，汪宗仁精研挖掘，使这一千年古法工艺得以重生。之后，汪宗仁将这一中华民族的代表性工艺，毫不保留地传授给以马蓉等人为代表的专业技术人员，使这一千年技艺后继有人。光华的小柴胡颗粒广受欢迎，单品年销售额已近 4 亿元，是国内同名产品的领军品牌。正因为光华人坚持科研创新和传承传统工艺，一丝不苟地追求产品质量，其产品才能一次又一次地在销量和疗效上创造奇迹。

2017 年 4 月 5 日，广东省公布了第五批省级非遗项目代表性传承人，马蓉被认定为“传统医药类”小柴胡传统工艺代表性传承人，还被评为广州市产业急需人才。在这个谱系中，上一代传承人是汪宗仁。10 月 16 日至 10 月 17 日，来自广州市各非遗处的人员及非遗项目负责人参加了“2017 年全市非遗代表性项目保护单位负责人培训班”。光华公司非遗项目负责人黄伟参加了培训，黄伟正是马蓉用心培养的下一代优秀人才之一。

汪宗仁说：“我们要把好的方法和标准严格传承下去，制药工艺的每一步都要求高标准，不能出差错，树立品牌不易，砸招牌是很容易的。马蓉很年轻，接班很快，她也培养了下一代人。我们就这样把这个高标准严要求一代一代保持下去。”

（作者：张晓棠）

小柴胡“非遗”文化日活动

八

明兴制药

制造“时尚中药”

20世纪初，顺德人陈伯清、梁培基两位药界先驱于1900年、1906年先后在广州创办了利济轩药厂和梁培基药厂，这就是明兴制药厂的前身。梁培基药厂是国内最早的西药制药企业之一。梁培基凭着“西药中化”的独家发冷丸，将梁培基药厂发展壮大，又积极回馈社会，创立了敢于开拓创新、发扬奉献精神的好家风。1952年，利济轩药厂和梁培基药厂合并成为新联股份有限公司（新联药厂）；1956年前后，其与广州其他一些药厂同组为公私合营明兴联合制药厂；“文革”时期改为第三制药厂，改革开放后又恢复为广州明兴制药厂，成为一家综合性药厂；近百年过去后，广州明兴制药厂在2002年改制为有限责任公司，更名为“广州明兴制药有限公司”（以下简称“明兴制药”），并以资产置换的形式加入广州白云山制药股份有限公司，2005年成为广州白云山明兴制药有限公司。

在风起云涌的百年时光里，广州白云山医药集团股份有限公司明兴制药一直传承着梁培基开创的好家风，秉持着“时尚中药”的理念，坚持科技创新，传承爱心，紧跟时代的步伐，不忘社会责任，使中药老字号重新焕发光彩。

广州白云山明兴制药——敬业广场

从发冷丸到清开灵

在梁培基创立“恒安别馆”的时代，西药在中国仍然得不到信任。1900 年前后，疟疾在华南地区流行，民间称之为“发冷”，仅靠中医医治，疗效十分有限。学成于博济医院附属学校的梁培基，接受过系统的西医教育，深知西医、西药对于疟疾的成效。但如果直接用西药，国人一时难以接受，于是他想出了“西药中化”的办法。

“梁培基发冷丸”便在此时横空出世。这种药采用中成药丸的剂型，以对疟疾有特效的“硫酸奎宁”为主要原料，配以甘草等药材制成。这是中国第一次用西药原料制做中成药。发冷丸以 24 小粒为一服，用纸筒包装，每瓶售价不到白银十分。由于形式接近中药，售价低廉，治疗疟疾又有奇效，“梁培基发冷丸”很快就在两广和港澳地区打开市场，之后还远销马来西亚、南洋群岛乃至美国的华人聚居地。发冷丸的销量最高每年能卖出 100 万瓶，梁培基也在十余年间成为广东成药的名家。

梁培基

陈伯清

“梁培基”发冷丸广告

凭借发冷丸，梁培基的药厂“恒安别馆”不断扩张。1902年，恒安别馆只是广州市海珠区凤安街的一栋四层楼房。几年之后，制药厂就开到了香港，又在广州、韶关、佛山等地开设梁培基药店分店。除发冷丸之外，各药店还出售止咳丸、补脑丸、养血汁、牙痛水等成药，以“恒安别馆制”标记。

发冷丸的出现，不仅挽救了许多被疟疾摧残的生命，还让人看到了中西药融合的希望。在梁培基所处的时代，当务之急是让国人接受西药，以此救治更多病人。时至今日，西医、西药早已被广泛接受，但另一个问题同样在考验着中国的医生和药师——数千年的中药文化，如何更好地适应时代？

明兴制药交出的答案是“时尚中药”的理念。经历百年发展，创新仍然是明兴制药的灵魂，在掌握领先科技的条件下，明兴制药提出了“时尚中药”的理念。明兴制药在古方“安宫牛黄丸”的基础上开发出清热解毒的“清开灵”注射液，这就是“时尚中药”的典型。

注射液本源于西方医术，但明兴制药利用了西医治疗原理，将中药成分灵活运用于其中，使得中西药融合，在急症方面疗效显著。

清开灵从“安宫牛黄丸”中开发出来，主要作用是清热解毒。组方中，金银花、黄芩苷、栀子、板蓝根具有较强的抗病毒、抗菌活性，胆酸、猪去氧胆酸、水牛角和珍珠母这四味药则可以退热消炎、提高人体免疫力。这八味中药严格按照中医药“君、臣、佐、使”的组方原则，组成复方后，其抗病毒、抗细菌和退热消炎作用可以互补和协同增效，对各种病毒性感冒和上呼吸道感染、手足口病毒感染都有预防和治疗作用。

明兴制药发展“时尚中药”的目的是，在满足大众需要的同时，把中药国术发扬光大。为了提高用药的安全性和方便使用，明兴制药又进一步开发出清开灵口服液、胶囊、颗粒剂，成为唯一同时拥有清开灵四大剂型的企业。清开灵虽源于古代温病名方安宫牛黄丸，但已开发出更方便服用和携带的四种现代剂型，既传承了中药古方，也满足了现代医疗的需求。

尽管清开灵系列产品已经在商业上取得成功，但明兴制药并没有停下创新的脚步。

2008 年，明兴制药又研发了抗肿瘤用药——鸦胆子油乳。鸦胆子油乳是纯中药抗癌制剂，用于肺癌、食管癌、胃癌、大肠癌以及膀胱癌、肝癌的治疗，能为癌症病人改善临床症状，如减轻疼痛、增加食欲、改善睡眠。癌症病人在接受放疗、化疗时，时常面临疼痛、食欲不振等不适，如果用鸦胆子油乳注射液配合放疗、化疗联合治疗，可以减轻放疗、化疗的副作用，增强疗效。这种药是疗效确切的纯中药抗癌制剂，“鸦胆子油毒性成分的去除方法”还获得国家知识产权局授予的发明专利证书。

明兴制药在 2009 年和广州市微生物研究所合作，开发出门冬酰胺酶的菌种，该菌种经中国科学院微生物研究所鉴定为欧文氏菌，填补了国内相关研究空白。其制剂“注射用门冬酰胺酶”广泛用于临床治疗多种肿瘤性疾病，特别是恶性血液性疾病、急性淋巴性白血病。经生物学家鉴定，明兴制药生产门冬酰胺酶的技术达到国际先进水平，生产技术也获得中国专利授权。门冬酰胺酶是中国儿童白血病联合化疗方案中的主要药物，对治疗小儿白血病疗效显著，而价格仅为国内同类产品的 40%。白血病在小儿恶性肿瘤中发病率占首位，每年新增约两万名患儿，而明兴制药为市场带来质量优良且价格优惠的药品，使更多的患病儿童可以得到救治。

奉献社会

作为民族企业家，梁培基始终肩负社会责任感，在创造商业价值的同时不忘回馈社会，不仅创办医学院，还积极支持革命，而他创下的家风也深刻影响着明兴制药。

创办光华医学院之前，梁培基被一宗命案震撼了。1907年，往返于广州和香港的“佛山号”轮船上，一名华人乘客被一名葡萄牙售票员踢死。虽然红十字会医生经过尸检已经证实死者是受伤致死，洋医却谎称死者在香港上船时已患热症病危，英领事则采信洋医证言，判被告无罪，清政府也只能任凶手逍遥法外。有感于此，梁培基决心创办中国人自己的西医学校。

1908年，梁培基等人发起成立光华医社，他被公推为社长兼董事长。这所医学校的管理者和教师都是中国人，教材也采用中文编写。梁培基公开感慨道：“环顾全国之大，几无一可以自谋独立堪称完善之新医学机关，耻孰为甚焉。况今世界医学，已入国际政治范围，非徒疗治个人疾病已也。殊于商务外交国权，均有莫大之关系焉。本社同人，有鉴于此，毅然发起光华医社，为争回我国医事权之先导。”其心其志，可见一斑。光华医学院后来发展壮大，与中山医学院、中山医科大学、中山大学均有密切联系，影响了一代又一代的医生和学子，更挽救了无数生命。

除了医学，梁培基也意识到中国要改变必须靠社会革命，因此他一直有为革命出力，在力所能及的范围内支持革命和社会运动。

1910年，高剑父与徐宗汉等人在香港九龙秘密购置枪支弹药，准备在广州发动起义，梁培基得知后即表示愿意在南安坊四楼的家中收藏部分军火。黄花岗起义前，黄兴为保存实力，没有动用全部军火，因此起义后梁培基收藏的军火仍在家中。起义失败后，烈士曝尸街头，梁培基则挺身而出，支持安葬就义的革命党人。

1925年，广州、香港工人发动省港大罢工，声援上海人民五卅反帝爱国运动。当时，广州市成立了工农商学联合会，动员人力、物力支持省港大罢工，梁培基曾担任该会主席。他曾积极游说工商界上层，还联合香港西商会，要求英国政府从速责令香港政府接受工人的要求，平息工潮。但梁培基的身份仍然是商人，药店在香港设有分行，当局对他参与省港大罢工的行为十分不满。1927年，他到达香港时被突然拘留，还被香港警察多番为难。经历过这次风波，梁培基公开表示“今后不买香港一寸土地”，还将三个在香港读书的子女召回广州，不让孩子接受殖民地教育。

梁培基不仅一直身体力行实践奉献社会的理念，还将这些精神传递给了后人。20世纪20年代，梁培基在二沙岛创办珠江颐养院时，也在江边建起一座大平房，称为“江滨一屋”。在这里，全家老少经常在晚饭后聚在大厅聊天，讨论国家大事、世界大局。梁家子女为了参加讨论，平时都会养成读书看报、讨论问题的习惯。梁培基在家中营造的自由、平等风气，被后人称为“‘江滨一屋’精神”。

梁培基常说：“我养子女，不仅要教会他们孝顺，更要学会感恩，报效社会、报效国家。”他将《新青年》《工人之路》这些进步刊物发放给子女阅读，大家在一起畅谈国家大事，毫不拘束，各抒己见。

"非典"期间明兴清开灵健康大行动

2012年6月2日帮扶大凼村儿童开展城乡结对活动

20世纪40年代,梁培基子女及其亲属20余人都参加了东江纵队,组织抗日活动。子女出发前,梁培基对他们说:"你们要救国很好,我坚决支持,归根结底,只有共产党,才能救中国。"1946年,梁家第二十五子梁尚桐在外执行任务时,不幸被捕入狱,面对敌人的拷打,他宁死不屈。梁尚桐牺牲的噩耗传来,生母和兄弟姐妹都悲痛欲绝,而梁培基默默叹了口气说:"革命总是要有牺牲的。"

虽然梁培基创办的药厂经历了许多波折,时代也已经换了几个舞台,但奉献社会的家风至今仍在明兴制药流传。

在"非典"的那段日子里,人们谈"非"色变。全国疫情蔓延,疗效独特的清开灵成为防治"非典"的中药典范。明兴制药当时采取多项应急措施,想方设法提高产量,尽力保证供应,为患者提供优质的药品。尽管在"非典"几日之内清开灵系列产品的库存便已告急,但明兴制药还是将价格维持在正常水平,誓不涨价,还派出专人到各大医院免费赠药,组织人员到广钢、广船、广州石化、上下九步行街等地免费赠饮和派发清开灵颗粒剂,其间送出超过12,000杯清开灵饮料、2万包颗粒剂。

到了2009年,明兴制药又参与抗击甲型流感疫情。2009年5月19日清晨,随着广东省第一例甲型H1N1流感病例的确诊,市民对流感预防的关注度火速升温,清开灵等抗病毒类中成药成为百姓们争相购买和储备的火热商品。面对来势汹汹的"甲流"疫情,明兴制药迅速动员,组织全体员工扩大生产,确保药品供应。同时,明兴制药在全市范围内免费赠送明兴清开灵,并在活动现场派专人为市民普及防治流感的有关知识。在疾病横行时，明兴制药总是挺身而出，积极承担社会责任，传承梁家的好家风。

除了积极应对重大疫情以外，明兴制药也积极参与扶贫。2011 年 3 月起，明兴制药开始承担从化市鳌头镇大氹村的对口帮扶任务。两年来，明兴制药已经实施了八期"广药集团爱心工程项目"，包括新建卫生站，修缮文化图书室，增加大氹小学教育设施，改造五保安居点广场，改造危桥，修建村党员活动室和增设垃圾收集设施等一系列惠民建设项目。经过两年的爱心帮扶，明兴制药帮助大氹村走上脱贫致富的道路，完成了政府下达的村集体经济收入增加和贫困户脱贫的目标任务。到 2012 年底，大氹村的集体经济收入达到 36 万元，是 2010 年集体经济收入的 4.5 倍，大氹村的村容村貌和贫困户的生活水平都得到较大改善和提高。

未来战略

梁家子女多达 40 人，长大后大多成才，这有赖于梁家的好家风。梁培基在管理庞大的家族、教育子女上始终强调自食其力，公私分明。

1987 年明兴"乙胺丁醇"获国家质量金质奖（广东省第一个医药原料金质奖产品），时任广东省省长刘田夫（右一）出席庆祝大会现场

在家乡顺德的祖屋“知稼园”，梁家的家规便刻在一块石碑上。石碑写明，“呼奴喝婢，不理家务，是纨绔行为，乃败家先兆”，要求子女自食其力，即使富裕也要亲自处理家务事。而建起“知稼园”也是为了家人返乡时可以“培植其高尚廉洁之风”。

梁培基要求子女对自己的生活负责，如果年过 20，又非在学，就要自行为家常便饭付钱。而个人内务只能自己处理，不得使唤工人。

明兴制药多年来坚持技术自主，是自食其力的家风在明兴制药得到继承的体现。

20 世纪 50 年代，明兴制药进入了蓬勃发展的上升期。此时，明兴制药对天然牛黄的有效成分进行分析研究，尝试从动物脏器组织中分离出牛黄的有效成分。经过两年的反复实验，终于成功研制出人工合成牛黄。

1959 年通过的技术鉴定证明，人工牛黄的功效与天然牛黄相同。这年 9 月，明兴制药批量生产人工牛黄并投放市场，弥补了天然牛黄资源的不足。这一研究成果还获得“全国科学大会奖”，被评为“广州市名牌产品”。

到 20 世纪 60 年代中期，明兴制药所生产的生化药品已畅销全国，并向港澳地区和东南亚一些国家出口，明兴制药成为当时国内规模最大的生化药生产基地，年创利润 200 万元。

明兴清开灵注射液串联三级膜过滤系统（获国家发明专利）

明兴制药获广州好家风故事大赛三等奖

近十年来，明兴制药又进入一个高速发展的时期，以清开灵系列为核心产品，氯芬黄敏片、盐酸乙胺丁醇等为辅，构成优良的产品组合，年销售额翻了将近两番，利润同比增幅显著。

不断创新、锐意进取的家风一直是明兴制药的动力。“十二五”期间，明兴制药研发中心的科研工作再次取得显著进步，有 14 个科研项目被列为国家、省、市、区科技项目，向国家知识产权局申请发明专利 11 项、获得授权 5 项，获得国家食品药品监督管理局颁发批件 5 个，包括 4 个新产品，4 项新工艺的产业化。2015 年，明兴制药还被广东省企业联合会评为“2015 年广东省自主创新示范企业”。

明兴制药计划在“十三五”末期在白云区钟落潭建成一家自动化程度高、绿色环保、工艺布局合理的综合性现代化工厂，并完成厂房搬迁工作。未来，明兴制药还将以传承为本，着力打造“时尚中药”新理念，以率先实现中药“现代化、国际化、科普化、大众化”为战略目标，让中医药在社会上、在年轻人之间“潮”起来。在销售渠道上，明兴制药将加快与主流连锁药店的战略合作，着力深挖第三终端市场，积极发展电商业务。在产品科研上，明兴制药秉承着“创新是企业发展的永恒动力”的理念，以不断创新的技术来满足消费者的用药需求。

“十个亿”的目标，是明兴制药未来发展的中心任务。明兴制药将发展独家规格，提升市场的销售增长，确立清开灵颗粒“主心骨”地位，从产品再定位、价格管控、渠道渗透、推广促销四方面进行聚焦，实现清开灵的新突破。

除了传承清开灵以外，明兴还将着力培育第二梯队产品，探索新的经济增长点。第二梯队产品包括鸦胆子油乳系列、血液透析制剂、氯芬黄敏片和氯膦酸二钠注射液。其中，曾以“感冒通”为名享誉华南市场的氯芬黄敏片由明兴制药自行研制，是治疗感冒发热的首创药物。氯芬黄敏片已经入选国家低价药目录，有望在基层医疗机构大幅推广。

如今，中西药融合的趋势愈加明显，传统中药在新时代重新彰显出它的价值。而着重发展“时尚中药”的广州白云山医药集团股份有限公司明兴制药也将继续保持创新精神，奉献社会。

（作者：玛嘉烈）

九

采芝林

弘扬中药文化的使者

自神农尝百草起，中医药文化绵延至今，成为中华文化皇冠上的一颗明珠，其中以“南药”为代表的岭南中医药文化经久不衰。

1806 年 1 月，南海河清堡的一位黎姓先生，邀来同族四人共同投资，合股开设了一家中药铺。铺面位于广州市老城区惠爱大街清风桥边惠爱中路 94 号，属前店后作坊的格局，以经营中药材配剂为主，兼营一些膏、丹、丸、散成药，取名采芝林。

谁都没想到，“采芝林”三个字穿越时间长河，流传了两个世纪，如今依然生机勃勃，成为老广州人“执中药”的首选。

早在采芝林创业伊始，创始人便提出了“兴药、济世、救人”的经营理念，更有“团结、务实、兴药、济世”的企业精神。或许就是这么朴素的理念，才带着采芝林走过了 200 多年的风风雨雨。

2017年12月12日，采芝林药业东方旗舰店隆重开张

百年历史的沉淀

早在两百多年前，采芝林便因店内的药材药味齐、自制膏丸疗效好而深受欢迎，尤其是他们家的拳头产品——八宝清火通明眼丸和枇杷膏更是供不应求。药铺处于广州市府署西侧中心位置，那里算得上是那个年代的CBD（中央商务区），经常车水马龙，路人如织，生意蒸蒸日上。

当时番禺有一位举人，名叫刘华东，他以才气和仗义而远近闻名。黎氏心生仰慕，专程上门拜谒，恰巧刘华东对采芝林也有所耳闻，二人一拍即合，刘华东便挥笔题写“采芝林”三个大字。黎先生命人做成黑漆底凸金字的大牌匾，簪花挂红，悬放在殿堂正中。有了文人加持，采芝林声名鹊起，生意越做越旺。为了推销产品，想出“独门妙招”——在科举考试时派出人马站在考场门外，把成药封包作为礼品赠送，并将品牌和产品编成快板现场宣传。前来考试的儒生通常来自附近各个地方，采芝林便可以透过儒生的口口相传，广而告之，影响力到达更远的地方。这在几乎谈不上拥有传播技术的年代，绝对是一次创新，也成为“广告”的雏形。

随着黎氏第五代子孙黎子铭任经理执掌店务，黎溢泉司理熟药丸散业，黎穗初司理生药参茸业以来，创始人确立的“兴药、济世、救人”建店宗旨作为采芝林中药文化核心也渐成雏形。

1937年10月，日军侵略广州，不少药行铺面、货栈、仓库被烧毁，广州中药材行业一落千丈，采芝林也只能勉强维生。直至抗战胜利后，京汉铁路开通，各地不少客商来广州采购药品，才刺激了广州药市迅速发展，至1945年底，广州全市药材铺发展到300多间，形成购销两旺的局面。采芝林借助老字号名声越做越大，迎来了新的发展。

随着中华人民共和国成立，以采芝林药店为典型代表的广州中药材商业行业又经历了一系列历史变革。中华人民共和国成立初期，在过渡时期党的总路线指导下，国家对资本主义商业实行了利用、限制、改造政策，对小商贩采取了多种安排和改造的措施。1955年前，药材行业并未进行社会主义改造，基本是私营老板开店、店员打工的状况，当时广州市药材市场仍是一个集散批发地。国民经济恢复时期，不少药行、药店改组整合。至1955年，全市药材批发商和零售店越来越少。

在这样的背景下，采芝林于1955年4月1日迎来历史性一刻，广州市第三商业局把“中药材批发部”“药材零拆部”“中药材中心批发部”“药片参茸批发部”“南北药材批发部”“西土药材批发部”和“炼制药材批发部”从广州市供销合作社土产贸易公司分离，成立了国营广州市药材公司（现广州采芝林药业有限公司）。同年5月，公司成立东区、南区、西区、北区、中区分店，至此，广州市药材市场有了专门经营中药材的国营企业为主体的经济力量，开始着手私营药店改造前的准备工作。

次年1月，广州市私改工作进入高潮，开始进行公私合营改造。全行业实行公司合营后，广州市药材公司把全市的中药商业结构调整为荔湾、海珠、越秀、生草药四个批发部和365个零售店以及一个药材加工场所组成的营销网络。

采芝林药店在公私合营后，改变了前店后作坊的经营方式，把中药店与制作业分离，不再自制成药，被指定为广州地区四间中药配剂重点店之一。

1978年12月，改革的春风沐浴着中药材行业，采芝林积极配合国民经济改革和市场开放的社会形势，紧跟形势成立了贸易中心、购销部以及三大分公司，促进药材从产区到销区的交流，实现药材行业从计划经济向市场经济的转变。

12年后，广州市药材公司已拥有药材购销部、药粉中草药批发部、仁济路营业部、药材贸易中心、广州药材商场、北京路药材商场、荔湾药材分公司、越秀药材分公司、海珠药材分公司和

毛泽东同志视察广州市药材公司重要药材收购点——棠下广藿香种植基地

中药饮片厂10个二级法人独立核算企业，拥有36个仓库，总面积达64,675平方米，隶属广州市药材公司的零售店达153家。

改革与创新的脚步并不止于此，进入20世纪90年代，采芝林几经波折后展翅腾飞。1996年，由广州市药材公司组建的全国第一家连锁经营大药店——广州采芝林药业连锁店开始正式运作，并在同年6月向中国人民保险公司投保"药品质量险"，开了用保险公司投保药品质量的先河。次年10月，参与了"广州药业"H股在香港联合交易所的上市工作。1998年10月，又参与了"广州药业"A股在上海证券交易所的上市工作。

随着中国加入世界贸易组织，药品批发和零售市场全面放开，零售药业成为各路资本争相追逐的战场，个体和平价药房涌现，仅在广州就有5000多家药店，连锁品牌也扩充到37个。采芝林受到前所未有的挑战，一度扩张至160家的连锁店也减少至86家，2004年更陷入经营低谷。

为调节亏损状态，2005年初，广州市药材公司组织架构进一步调整，形成营销中心、配送中心、职能部门以及下属中药饮片厂、广州采芝林药业连锁店的布局。在一系列调整后，同年底扭亏为盈。借"十一五"发展规划开局的东风，采芝林进一步发展。2006年，总体销售额同比增幅

“团结、务实、兴药、济世”的企业精神，带领采芝林走过了200多年的风风雨雨

传统中药文化专播平台——采芝林中药文化博物馆

达46.5%，更被国家商务部认定为我国第一批“中华老字号”。

2008年，广州市药材公司更名为广州采芝林药业有限公司。这一具有200余年历史，传承着中药文化血脉的老品牌也借此极大提升了品牌价值。弘扬中药文化，解放思想，抓好新经济时期中国商业企业的营销创新，打造华南中药第一品牌，使企业根基长青成为采芝林人新时代背景下的新任务。

老字号的情怀

“团结”与“务实”让采芝林屹立不倒，不忘“兴药”与“济世”是这个百年品牌的格局所在。

1931年，国民党中央政府会议上通过“关于废止中医药提案”，广州中医药界于3月19日集会并通电抗议，立3月17日为“中医药大团结纪念日”，迫使国民党政府撤销此提案，中医药得以存活与发展。采芝林与整个中医药行业一道闯过“生死关”。

采芝林明白，只有中药行业发展，中医药文化深入人心，自己才能存续，否则只能是无本之木、无源之水。

秉持着“兴药”的理念，采芝林主办了药交会，打出“广药”品牌。人们耳熟能详的陈李济药厂、中药一厂（原保滋堂）、奇星药厂（原李众胜、钱树田、歧生堂）、潘高寿药厂、羊城药厂（原王老吉、马白良）等都有过百年的历史，各有其著名的中成药传统产品行销国内外：如中药一厂的“安宫牛黄丸”、陈李济的“驱风苏合丸”“乌鸡白凤丸”、保滋堂的“保婴丹”、李众胜的“保济丸”、钱树田的各种膏药、奇星药厂的“蛇胆川贝末”（散剂）、马白良的“七厘散”、王老吉的“王老吉凉茶”等，以前这些药厂的产品很多是由采芝林经销的，进而打出“广药”的品牌。

两百年前就深谙“广告之术”的采芝林，为“广药”打起 call 来也是不遗余力。1983 年，采芝林首次举办广州市中成药展销会，首届成交额就达 1100 多万元。至 2001 年，采芝林共举办 30 届药交会。面对同行，想到更多的是合作：如与陈李济药厂合作召开“咳喘顺丸”产品发布会，与敬修堂药厂合作召开“中风回春丸”产品发布会等，都有利于整个中药行业的发展。

除此之外，采芝林还组织药品下乡，扩大中成药在农村地区的影响力。他们以轻骑队形式，携带录音机、扩音器、药品样品等，走遍粤北山区、珠江三角洲和潮汕地区的市郊等地进行宣传。同时，动员当地 100 多人，协助样品展览，在公共场所张贴广告等，使广大的农村社员群众了解

“时尚中药”健康产品平台——采芝林智能代煎中心

中成药的主治功能和用法，便于选购服用。此后，采芝林又多次组织中成药下乡，解决广大农村特别是边远农村和山区缺药、少药的问题。

每个做医生、做药品的人初衷都是为了悬壶济世，采芝林的“济世情怀”更深入骨髓，也更加脚踏实地。

采芝林响应广药集团建立家庭过期药品回收机制，着重加强国药馆旗舰店、社区便民店的建设。自2005年以来，采芝林参与由省、市药监局以及广药集团共同主办的“3·13家庭过期药品回收日暨‘永不过期’药店挂牌仪式”，属下的采芝林分店获得“永不过期药店”称号。作为家庭过期药品回收机制的授权回收点，也作为广药集团的服务窗口，成为家庭过期药品回收机制的践行者，采芝林再次赢得公众的信赖。

采芝林不仅用做好药来回报消费者，更以企业精神主动承担社会责任。2016年5月以来，采芝林负责了梅州市梅县区松源镇园岭村的精准扶贫工作。

2017年8月，设立了“采芝林梅州中药产业化生产服务基地项目”，该项目预计总投资约1.3亿元，使用土地约130亩，建设内容包括中药材现代物流中心、中药饮片生产中心、中药饮片技术保障中心、中药配方颗粒生产中心等。建成后，将提供200多个就业岗位，生产基地将带动周边乡镇经济长效发展，实现“大产业”扶贫。

在“小产业”扶贫方面，2016年，采芝林发放鸡苗，发动有劳动能力的贫困户34户发展土鸡养殖，使有劳动能力的贫困人口人均收入增长约700元。2017年6月，鼓励有劳动能力贫困户14户发展肉牛养殖项目。购买种苗、化肥、农药等生产资料，帮助贫困户发展柚子、烟叶、水稻种植，建设光伏发电设备，多渠道增加贫困户收入。

采芝林的领导班子们也身体力行，对园岭村42户贫困户进行结对，定期入户进行探访，实时了解贫困户当下的困难和需求，从而实行切实有效的帮扶措施。此外，春节、中秋等传统节日还组织领导干部入户慰问，发放慰问品。

采芝林还关心村民是否“居者有其屋”，他们对3户贫困户危房实施改造，2017年底可以竣工入住。同时，对改造期间没有能力进行转移的两户危房改造贫困户以资金补助的形式帮助其租住房屋，实行暂时性安置。

除了帮扶到户、产业扶贫，采芝林对园岭村的基础设施也有投入。夜幕降临，街道两旁亮起的是新建的太阳能路灯，新建的水圳便利村民进行灌溉，街道也因为三清理、三拆除、生活垃圾处理等项目变得更加洁净。

2016年，采芝林的扶贫工作帮助园岭村脱贫11户共计20人，2017年脱贫20户共计73人。

百年采芝林，新班子领航谱辉煌

广药集团党委书记、董事长李楚源（右六）实地考察采芝林帮扶园岭村光伏发电站建设情况

广药集团党委书记、董事长李楚源（左一），采芝林药业党委书记、董事长孔箭（右一）慰问园岭村贫困户

村集体收入情况也有所改观。2015 年村集体经济年收入仅 1200 元，2016 年增加 5000 元达到 6200 元，2017 年计划增加 10,000 元达到 16,200 元。

采芝林并不止步于此，接下来还会在文化、医药方面继续帮助园岭村，并且在经济方面，与村民一道探索更新的发展模式。

“采芝林”品牌历经沧桑 200 多年，广州采芝林药业有限公司的 63 个春秋更是经历了企业从私营到国营、从国营到市场化经营的探索与艰辛，岭南中药文化的特色与发展也由其见证。

全国“中华老字号”、广东省企业 500 强、广东省中医药文化建设十佳单位、国家守合同重信用企业、全国中药饮片诚信品牌、全国中药系统先进集体、纳税信用等级 A 级纳税人、广东省诚信公约成员签约单位、最受消费者喜爱广州品牌 100 强……作为一家企业，采芝林斩获荣誉众多；作为中药文化的传承者之一，“采芝林传统中药文化”更被广东省、广州市政府公布为非物质文化遗产。

如今，采芝林不仅做好药，更以企业身份承担社会责任，关心偏远地区的人们，为他们能过上舒适的生活贡献自己的一份力量。中医文化里常讲的“悬壶济世”，大抵如此。

（作者：瓯江）

十

健民医药

长夜灯光永不灭
健民服务千万家

健民医药成立于1952年，经过60多年的经营，一直秉承“诚信守法，质量保证，品种齐全，优质服务”的经营理念，在群众心中形成了“买药到健民”的良好口碑。保障人民群众买好药、买放心药，做实事，全心全意为人民健康服务是健民人共同的使命，更有24小时药店，得到了广泛好评，被称为“长夜里不灭的灯光”。在群众心中，“买药到健民”已不仅是口碑，更是口碑之上的行动。

健民人将永葆明灯精神，不忘初心，以服务搭起健康之桥，造福大众。

健民医药北京路分店

健民人总在身旁

一天下午，一个年轻的女子在健民店薇姿专柜购物，付款后取货时突然感觉胃痛，服药后出现了四肢无力发软、心悸气促、全身冒汗的状况。自选场的店员在征得顾客同意后招呼同事拨打120，并实施了简单的应急处理。当急救车来到后，店员简要清晰地告知医护人员患者的情况以及处理措施，医护人员说了一句“你们真是专业”就匆匆离开了。小插曲前后只有20分钟的时间，大家有条不紊地处理完又各自回到自己的岗位上，继续自己的销售和服务工作。

这只是健民医药60余年来的一个片段。每天的销售工作说起来毫无新意，最突发的状况也不过如此，在熙熙攘攘、人声鼎沸的路途中，这只是一件微不足道的小事，或许会被铭记，或许会被淡忘。每天看似很平凡的日子，却有着不平凡的故事，但无论如何，当你需要帮助的时候，健民人总会在你身旁。

健民医药前身是中国医药公司广东分公司第一门市部，建立于1952年3月，隶属中国医药公司管理，全部经营进口西药产品。1958 年，国家对私营企业的改造取得了决定性胜利，医药行业全面实行公私合营，国营医药企业在国民经济中取得了主导地位。此时，随着广州经济发展，市政府实行美化永汉路一条街（北京路）计划，建造了一批商铺，并把在永汉北路（现北京路 321 号）经营的医药第一门市部迁往重新建造的商铺第七栋，即现在北京路 328 号，继续扩大经营。1959 年 10 月 25 日，在原有中国医药公司广东分公司第一门市部基础上扩大为中南地区规模最大的国营零售商店，时任广州市长朱光亲笔书写“国营健民药房”。20 世纪 60 年代初，更名为广州市“国营健民医药商店”。这是健民医药的开始。

那时的国营健民医药商店有员工 80 多人，技术人员 7 人，首层经营药品、医疗器械，二层经营化学试剂、玻璃仪器等，共 2500 多个品种，在商品奇缺的年代，供给极为丰富。商店还设有医疗所和配方药房，共配有医生、护士 7 人，担负着周围居民用药和治疗服务。虽然随着医疗事业的发展，医疗所于 1964 年撤销，但健民的营业员依旧要求有基础的药理知识，以满足买药客人的基本需求。据记录，1980 年，健民医药商店每天接待顾客 4000 人次，月均营业额达 30 万元。

1968 年，健民医药商店与向群医药基层店合并为健民医药基层店，以北京路健民医药基层店为中心，属下 13 家医药零售门店分布于越秀区、东山区、白云区等地，为当地的居民问病购药提供服务。袁穗华听药店前辈们提起过，越东批发商店自 1970 年成立后就担负着近 100 多个工矿企业医疗室的药品供应任务，多年来商店获得各级部门多次嘉奖。1984 年成立健民医药商店批发

健民员工送货路上

部，1988 年 4 月成立粤华医药商品批发部，进一步开发零兼批的医药商品流通渠道，当时业务辐射珠三角。

随着国家经济改革的不断深入，市场经济的杠杆调节作用推动了整个医药系统、医药公司卫生事业的改革。为了适应医药市场的变革，医药零售企业尝试强强联合、集约经营的道路，在公司领导的决定下，1996 年 7 月，健民医药商店、友邦医药店、利众医药店联合组建成立广州市健民医药连锁店。

友邦店建于 1944 年，由工商界知名人士、广州工商联委会叶敏成、曾德辉联合创办，共有 10 家门店，曾被评为“中华老字号”企业。利众医药创立于 1947 年，有 8 家医药门店，被评为“上下九路一条街信得过单位”。

“到健民都买不到的药，就不用到处找了”

据健民资料记载，经营连锁初期品种只有 7000 多个品种规格产品，后超过一万，除去药品、医疗器械之外，还有保健食品、化妆品、护肤品、劳动用品等等。“买药到健民”一度成为消费者口口相传的话语，刘咏瑜不止一次听到“如果到健民都买不到的药，就不用到处找了”。

连锁经营开始后，健民医药逐步建立完善了现代物流配送体系，拥有 4000 多平方米的配送中心和配套送货汽车，并多次投资上百万元用于计算机网络升级。早在 1998 年，连锁店就着手实行计算机管理的计划工作，至 2000 年底，对连锁店属下的 4 个核算单位已实现批发业务管理、

1996 年 3 个基层药店合并组成广州市医药公司健民医药连锁店

健民员工热情待客

商品配送管理、仓库管理、财务管理的全电脑管理，连锁总部与计算机管理的分店实现了网上数据共享，大大提升了配送管理能力。

比起药品齐全，质量更成为健民在行业中持续领先的重要原因。

在GSP（药品经营质量管理规范）多次认证中，健民都得到了极为优秀的成绩单。

2001年，健民医药进行了全面的GSP改造，配备了各种软件和硬件，全面建立和健全了包括组织机构、管理标准、操作规范、技术人员配备、设施设备配置的全面质量管理体系，严格把好药品的进货、验收、养护、配送、销售等各个流转环节的质量关，确保药品质量可靠、安全有效。同年7月，健民医药顺利通过国家药监局的GSP认证，成为全国首批、广东省首家通过GSP认证的零售连锁企业。

2016年年中，广东某药业有限公司提交了一批保健食品到质量部进行首营审核，方薇薇根据审核保健食品的相关法规和制度，对这批保健食品的生产企业资质、保健食品批文、质量标准、检验报告、产品外包装等逐一进行核查，发现该批保健食品的生产企业的卫生许可证已过期，要求该药业公司重新提供。

过了数天，该药业公司将该批保健食品生产企业的卫生许可证复印件先传真过来，随后补过来盖有红章的复印件。方薇薇立即进行审核，但由于当时保健食品生产企业的卫生许可证还未能通过互联网核查其真伪，所以只能凭经验去辨别。

由该药业传真过来的卫生许可证是在有效期内的，但通过对已过期的那个卫生许可证进行对比，方薇薇发现了两个证除了发证日期和到期日期不一样，其他文字所在的位置、发证机关的印章位置，甚至连证上有黑点的位置都是一样的，她肯定这是涂改了发证日期和有效日期的假证。

方薇薇马上要求供应商给出答复，后来供应商给出的答复却是因为他们的上一手供应商（即生产企业）的业务员因为嫌麻烦没有回厂拿证，就干脆涂改了日期来应付。这批食品没有通过质量部审核，并被退回给供应商，健民从此不再经营该生产厂所生产的任何商品。

2006年7月，健民医药一次性顺利通过国家药监局GSP的重新认证；2014年，全面通过新版GSP认证，其中有8家门店零缺陷通过，获得药监部门的高度评价。健民医药多年来对质量的执着追求，使得“健民医药，质量保证”的口碑深入民心。

质量把关不是一件轻松的事，健民质量部的每个成员每天都肩负着这样的重任，保证整个连锁经营的每一个商品都是合法的、规范的，有质量保证的、负责任的。健民60年诚信经营，60年质量保证，60年全心为民，始终坚守着“全心全意为人民健康服务，自觉履行各种社会责任”的理念。

广州市北京路健民夜间售药店

长夜里不灭的灯光

对于健民来说，“为人民健康服务”不只是一句口号。早在 1971 年健民药店的夜间服务点开始设立，最初不过 2.5 平米的小屋，设有铁闸窗口，零点过后，小窗子虽然关上了，但随叫随开。1996 年，更改为 24 小时值班制。多年以来，24 小时药店都是健民医药的亮点之一。

值班人员的工作极为琐碎，袁穗华作为值班制实行后第一批值班人员之一回忆道，虽然是药铺，但经营人员有基本的药理知识，遇上突发状况还会帮忙处理。有人跑步晕倒脸色发青，搬凳子倒开水揉人中，直到醒来道谢离开。夜班司机来得最多，他们大多是颈椎病、腰椎病、胃病等，前来 24 小时药铺买药应急。严重的事情也有，一对恋人在店铺门口吵架，男的捅了对方一刀，值夜班的员工马上拿纱布止血，打 120 叫救护车……

刘咏瑜一毕业就来到健民医药工作，她早早听闻了 24 小时药店的故事，等她 1998 年进来的时候，已经有设专人岗位值班。供应的药品也从最初的保济丸、红药水、紫药水等类似家庭小药箱的几十种药品到现在上千种急救药物和一般常用药品。据统计，健民截至目前接待夜间购药的客户已过百万人次。

真正开始工作了，她发现健民内部分工非常细：“我刚进来还是柜台式经营，中成药一个柜，处方药一个柜，安排在哪个柜，就在哪个柜上班，销售相关药品。”

在刘咏瑜看来，健民药品品类极为丰富：“我们品种齐全，整个医药行业和健康行业的产品基本都有，也有器械、保健品等等，很多药品没法在单体店和一些市内连锁店买到，但健民有。”

何爱薇在1976年就去了健民医药北京路店工作，刚到店她就接到了晚上去24小时药店值班的任务。“那个时候下班工人是12点钟，所以我们店开到1点，下班的时候很多人经过就可以买药。但是1点钟之后我们的人也是不会走的，那个时候两个人值班，就在窗口里面待着，人家一敲门，我们马上就开门。”

觉肯定是没得睡，聊聊天收拾会儿，硬生生挨到天亮。这并不只是新人的任务，更是全体员工的活儿。店长、职工全部轮流值班。但其实晚上人不多，最初的十几年，这儿每晚的营业额不过30余元，仅占该店每天万元以上营业额的千分之几。扣除照明用电开支，根本谈不上有什么利润，而彻夜值班的员工也仅仅有4毛钱的夜餐费。

何爱薇回忆，20世纪90年代去北京开过两次会，她上台介绍夜间药店经验，全国各地的代表都觉得很奇怪：“他们说你这个药店一点效益都没有，还要做什么？我说我们不是讲效益，我们的口号是健民便民，服务人民。”

顾客永远是上帝，何爱薇见过别的营业员和顾客起了争执，无论问题如何，经理一定会站在顾客那一边。“所以说效益，我们从来没有考虑过，我们想的是怎么方便群众。”

健民的服务在创办之初就已成为口号，如同何爱薇所说，“健民便民，服务人民”。解放初期，广州疫情频发，老百姓缺医少药，商人哄抬物价，时任东北某县委书记石军响应时任广州市长叶剑英的号召，南下组建广州市医药公司。石军带领全体员工，克服种种困难平抑物价，保障药品供应。如今，广州市医药公司数次迭代，但为民服务的宗旨一直流传。袁穗华、何爱薇、刘咏瑜在参加入职培训时，都听过这个故事，服务意识的培养历来也是健民员工培训的重要一课。

比起大部分像袁穗华和何爱薇这样在健民工作了一辈子的职工，只在健民经历了19年的刘咏瑜还算“年轻”，她也没有腻过：“觉得不可思议，一份工作能做这么多年。但做这一行就没有想过怎么转变，我们企业也很好，没有想过离开，一直做。”

又是一天晴方好，换班人员来了，守了一夜的值班人员得以离开。这一晚收入如同前几天，绝不能算高，但那又怎么样呢？这间开了40多年的24小时药店，是外界了解健民医药的一个窗口，健民还在，它就会一直亮下去。

2017 年 8 月新店开业，广州医药总裁、党委副书记陈光焰（左二），党委书记、副总裁郑坚雄（右二）到场祝贺

利民便民，服务人民

2013 年 4 月 5 日下午，中药材柜前来了一位三十几岁的女顾客，尴尬地从书包里掏出了一张药方，并轻声地说："都是便宜的药。"营业员江海双手接过药单，边打价边说："药无分贵贱，能把病治好就行，阿姨，您这剂药要 1.79 元，您看要多少剂？"这位女顾客说："先 5 剂吧。"江海动作利落地开单，并指引阿姨到收款台交费，阿姨又说："我可不可以要 15 剂呀？"江海说："当然可以……"

于是，在药材柜里，便出现了江海忙碌的身影。这一笔仅 26.85 元的交易，共花费了 45 分钟。

最后，经过认真核对，江海把这 15 剂中药双手递交给这位顾客时，还不忘提醒煲药时的注意事项，并祝愿她能早日康复。阿姨是外地人，来广州之后人生路不熟，生病了，心情也不好，为了这几味药，她已经跑了好几家药店，但处处碰壁。而且明显看到药店有药，可是却都嫌阿姨开的药便宜，都不愿帮她配。阿姨感动地说："小伙子，非常感谢您愿意帮我配药。现在很多药店都只顾着赚大钱，对那些大客户就热情周到，对我们这些小客户却是不闻不理。"

面对强手如林、竞争日渐激烈的医药零售市场，健民人一直有着强大的社会责任感和使命感。因为他们知道，作为一个药店，承载的是老百姓的用药安全，承载的是千家万户的健康与幸福。健民人始终没有忘记这份承诺和责任，继续锲而不舍地去追求健民医药美好的明天。

在计划经济年代，药品大多几十粒或上百粒一盒，为方便市民，健民药店率先创立了零拆柜，每宗只有几分钱销售额。时至今日，药品包装日趋改良，每盒含一两日用量的药已经十分常见，健民的零拆柜也顺应时代变化进行了调整。

在医疗室还存在的时候，健民根据群众需要制定了 10 个方便群众的服务内容：红衣岗问病售药、小外伤包扎、代客注射、拆零供应、服药开水供应、夜间售药、出租家用小器械、送药下乡下街下厂、急需药品代客“留、找、送”、代客邮寄。

在网络还不发达的年代，健民医药为了方便群众购药，开设代办运输和预约夜间发货、代客送货到站台码头等服务项目。随着网络的普及与网购的兴起，健民也开始网上售药，并得到良好的反响。

2015 年，健民与“京东到家”合作 O2O，顾客在 2 小时内可以在家门口体验以消费者为中心的半径 3 公里以内的医药用品送货上门服务。次年，健民医药作为阿里巴巴旗下“阿里健康”在广州市内唯一合作的一家连锁药店，开发阿里健康 O2O 平台：顾客只须在手机下载阿里健康 App 或者利用手机淘宝，打开定位功能，就能选择距离最近的健民分店，选取心仪的商品下单，即可享受 1 小时内送药到家的服务。

2017 年 4 月 5 日，“广药健民网”公众号微信商城升级上线。对于一家拥有 60 余年历史的药店来说，这是广州健民医药连锁公司网络化的一大步。

未来，健民医药将在广州医药大零售、广药集团大健康的发展蓝图的指引下，线下通过自营以及并购等多种形式不断扩大零售药店规模，使健民品牌遍布大街小巷；线上将大力发展 O2C 平台、广药健民网，网上将建立用户、医院、医生、药房、品牌方、金融保险一体的综合服务平台，线上线下互相融合促进，提升顾客消费体验，全方面满足顾客的健康需求。

（作者：瓯江　刘越晗）

十一

王老吉

凉茶始祖
老老实实王老吉

从凉茶始祖蜕变为中国凉茶产业当之无愧的领军者，王老吉在190年的征途中，靠的是与时俱进、不断创新的精神。迄今为止，王老吉销售到亚、欧、北美、南美，出口国家超过15个。凭着诚信家风，这个“中国味道”从十三行的小商铺，终于成长为世界闻名的民族品牌，在风雨中屹立不倒。

林则徐向王老吉赠送大铜葫芦

中国味道，诚信为本

1903 年，梁启超游学美国，写下《新大陆游记》，其中有如下一段：“西人有喜用华医者，故业此足以至富。有所谓王老吉凉茶者，在广东每贴铜钱二文，售诸西人，或五元或十元美金不等云，他可类推。”这是王老吉凉茶早期走出海外的佐证。

王老吉的历史可上溯至清道光八年（1828 年）。广东鹤山人王泽邦举家迁到广州，开了家凉茶铺，专卖水碗凉茶。岭南湿热，据史料记载，东晋后，岭南百姓根据道家、医药家葛洪的医学理论和自身长期防治湿热病的经验，开始以药性寒凉的中草药熬水饮用。后来，凉茶与烧鹅、荔枝共同被誉为广东“三件宝”。王老吉是第一家将凉茶作为商品售卖的品牌。

王老吉创始人王泽邦像

王老吉选址在靖远街，十三行中心地段。康熙二十三年（1684 年），清政府开放海禁，广东海关府招募了 13 家当时有实力的商行代理海外贸易业务。乾隆二十二年（1757 年）至鸦片战争之后的很长时间内，广州都是清政府对外贸易唯一窗口，被称为“天子南库”。据粤海关统计，1749—1838 年间，有来自欧美各国的 5390 余艘商船来十三行进行贸易交流。屈大均曾作诗描述盛景："洋船争出是官商，十字门开向二洋。五丝八丝广缎好，银钱堆满十三行。"王老吉创立时，十三行仍处于鼎盛期，茶铺亦兴旺。徐珂《清稗类钞》中有记载："茶馆之外粤人有于杂物肆中兼售茶者，不设座，过客立而饮之。最多者为王大吉凉茶，次之曰正气茅根水，曰罗浮山云雾茶，曰八宝清润凉茶。"这里的"王大吉"即指王老吉。

据载，林则徐在1840年夏入粤查禁鸦片，困热难解。王泽邦望闻问切，开了自家凉茶作药，竟真的药到病除。林则徐感念在心，后命人送来铜制大葫芦壶，刻"王老吉"三字，寓意"悬壶济世，普救众生"。咸丰二年（1852年），时疫爆发，王泽邦被召进紫禁城为皇帝贵族熬制凉茶预防时疫，半年后衣锦还乡，被咸丰帝赐封太医院令，赏银500两。王老吉更得以家喻户晓，童谣亦唱："饮凉茶，苦瓜干，菊花煎备银花露；金沙藤，王老吉，一碗落肚解暑湿啰。"

鸦片战争后，中国劳动力市场向海外开放。其后的100年里，以各种途径输出国外的广东劳工就达600万人。彼时渡洋交通条件艰苦，劳役繁重，王老吉的袋装凉茶也随着华人劳工远去东南亚、北美、澳洲，为他们缓解水土不服的症状，这是王老吉开拓海外市场的先声。1925年，王老吉甚至被邀请到伦敦参加中国产品展览会，参观者有英王后、公主、各色名媛绅士。粤籍老报人袁效贤、李春晓夫妇旅居美国时在日记中留下相关见闻：在美国不少酒店高级宴会的尾声，侍者会奉上一杯王老吉凉茶——可见这一中国味道品牌的成功。

十三行的区位优势是王老吉发扬光大的重要原因，但让它真正站稳脚跟的，是粤人口中"老老实实王老吉"的名声。

王泽邦长期生活在农村，既懂百姓缺医少药无钱看病的困苦，又有医者父母心的情怀。1828年，岭南地区疫病蔓延，王泽邦携妻儿上山避难，途中遇一道士，得一药方，据说可治疫病。他依方辗转采购药材，熬成凉茶，免费送给患者服用，病人果然痊愈。王泽邦小名阿吉，"吉叔凉茶"的称号因而传开。

创办王老吉后，他一直坚持薄利多销，一碗凉茶只要一两文钱。据王老吉后人回忆，凉茶铺门口竖着两个半人高的葫芦状铜壶，每个铜壶可容纳约一百碗凉茶。前一晚，王泽邦和家人将药材泡好——这是为了使凉茶充分发挥药效，第二天早上再慢火熬制。有的凉茶铺会往凉茶里增加苦味来体现凉茶的浓度，王老吉从无这般以次充好的行径，其一如既往的货真价实让客人花几文钱也能治好病，久而久之，便因价廉疗效佳风靡羊城，得了"老老实实王老吉"的好口碑。

《广州西关古仔》中记载，王老吉凉茶铺有一不成文规定，凡患病者到店中喝凉茶一律不收钱，可见王老吉家风至诚。

1949年解放后，当时的王老吉药厂生产设备简陋，铡刀是主要生产工具。生产过程中，铡刀

中华民国十四年（1925年）王老吉茶包于英国伦敦温庇展览会（中国产品）中展出，图中为英王后玛丽

时常误切工人手指。工厂的生产规范如是规定：“工作时两人合作，一人拿铡刀，一人拿药材，两人合作，集中精力，不能东张西望。”而工人们也绝不偷懒。女工们记得，制作凉茶粉时，窄小的生产车间里药尘很大，大家戴着口罩，脸上全是粉，也坚持了下来。

1952年，全国开展反对行贿、反对偷税漏税、反对盗窃国家财产、反对偷工减料、反对盗窃经济情报的“五反”运动，使得王老吉更加重视品质规格，产量进一步提高。当年王老吉的一份调查报告里写出了王老吉的“老老实实”：“工友们的生产认识也明确了。过去认为是给资本家生产和赚钱，一切为资本家服务，现在认识到生产是为广大人民健康服务……”

走过21世纪第一个十年后，王老吉遇到了品牌危机——与加多宝的商标仲裁案、红罐之争、“凉茶始祖”被诬陷涉嫌虚假宣传，还有“全国销量领先的红罐凉茶改名加多宝”的广告攻势，都对王老吉造成了相当的冲击。面对对方的虚假宣传和悲情营销，王老吉走上了漫长艰辛的依法维权之路，并以诚信经营之道作为最好的回应。

2012年2月，广州王老吉大健康产业有限公司成立。5月，广药集团终于收回了红色罐装及瓶装王老吉的生产经营权，继而投入生产。罐装王老吉需要很先进的密封技术，才能保证两年的保质期。有个厂外车间缺乏经验，产品在加速实验中被发现密封有瑕疵，王老吉大健康立即对总值超过3000万元的产品做出“全部销毁”的处理决定，在所有加工点警示通报。为保证制作过程安全，王老吉对40多个厂外车间都派安保、仓管、检验人员全程监控。为防止原料运输过程中出现问题，所有运输车辆实行铅封与加锁双保险；对每个生产点的水源，王老吉也24小时监控。就这样，王老吉守住了自己的质量关口和诚信风骨。

面对农药污染、草药不纯等行业问题，王老吉早在2008年便成立全国首个凉茶技术研究中心，开展凉茶原料规范化种植和质量风险控制研究、凉茶物质基础和作用机理研究、凉茶安全性研究等。为保证原料安全品质，王老吉凉茶的七种原料都采用“基地 + 农户 + 公司”模式，在广东梅州、山东平邑、江苏射阳等固定产地进行规范化种植，在凉茶品牌中独一无二。

2013年底，在由中国国际贸易学会联合中轻食品工业管理中心、中国食品工业集团主办的“2013全球食品诚信大会”上，王老吉获得了“2013中国食品行业十大诚信企业”称号。这是家风在当代的传承。

迄今为止，王老吉在全球近60个国家和地区完成了“王老吉”商标注册工作，产品销售到亚、欧、北美、南美，出口国家超过15个：凭着诚信家风，这个“中国味道”从十三行的小商铺，终于成长为世界闻名的民族品牌，在风雨中屹立不倒。

与时俱进的“时尚中药”

从凉茶始祖蜕变为中国凉茶产业当之无愧的领军者，王老吉在190年的征途中，靠的是与时俱进、不断创新的精神。

当年因名声远播，王老吉凉茶总是供不应求，王泽邦的长子王贵成在凉茶铺的对面另租了一个铺位，开始“前店后坊”式经营，王老吉药厂雏形诞生。1840年，王老吉就推出纸袋包装的凉茶料，与传统的水碗茶同时供应，拓宽了销售渠道。

辛亥革命后，王老吉经历了漫长的战乱，直到抗战结束，凉茶点档才恢复荣光。王老吉的第四代中坚人物王豫康开发了新产品甘和茶，去掉苦味，很适合小孩饮用。

2017 年 1 月，王老吉“中草药 DNA 条形码物种鉴定体系”项目荣获国家科学技术进步二等奖

1965 年，广州中药总厂成立，王老吉被迫改名为“广州中药九厂”，之后连年亏损。“基本上是倒数第一。因为中药九厂只生产原料，不计算产值。”许多老工人回忆。但王老吉人骨子里与时俱进的拼劲改变了这一局面：1971 年，药师许志成的团队研制出治疗感冒发热的良药“凉茶精”。1970 年代末，技术顾问丘晨波的科研团队整理加工《医宗金鉴》的处方，通过科学精制，改革猪胆糕提炼工艺，研制出治疗慢性鼻炎的小丸新药——藿胆丸；其后又研制出迅速排痰镇咳的新药散剂痰咳净。痰咳净由于疗效显著颇受青睐，曾出现经销商扛着装满钞票的麻布袋排队抢购的盛况，1985 年 3 月净产量就有 102 万盒。这两大明星产品历 30 多年，至今不衰。

1986 年，时任羊城药厂厂长梁志坚决定改良当年的凉茶精（1982 年，广州中药九厂更名为“羊城药厂”，1992 年转为股份制，2004 年又更名为“广州王老吉药业股份有限公司”）。冲服凉茶颗粒问世后投产不足一季度，产量达 140 万包，合同已签到 810 万包；第二年，冲服凉茶颗粒迅速跃升为羊城药厂第一大销售品种，药厂终于跨过产值超亿元、利润超过千万元的大关。

1991 年，王老吉突破了液体沉淀物、品味选型、加工生产点、企业标准等一道道关卡难题，推出中国第一款植物凉茶饮料——清凉茶，与风头正劲的健力宝和太阳神等功能饮料抗衡。清凉茶在日后成了百亿级销售额的产品。

很长时间里，王老吉的丸剂包装机都从日本引进，需要四人操作，产量远不能满足市场需要。技术人员黄沃文为解决保济丸包装生产自动化问题，从2000年开始利用业余时间自行设计制造国内首台丸剂自动包装机，两年后终于成功研制了微电脑控制、机电一体化的丸剂包装机——占地面积小、噪音低，装量准确无污染，一人可操作两台机器，生产效率是日本机的四倍，价格是其十分之一。那年，厂里复制了20台机器，节省购机费1000万元以上，节约工时费用46万元。

此外，王老吉每年投资超过千万元用于新产品开发和技术改造，多次获得国家级、省级奖励；建立药材GAP种植基地；与南丹麦大学合作克感利咽口服液抗病毒激励在分子水的研究；组建多位院士领军的科研团队，携手诺贝尔奖得主穆拉德博士启动凉茶国际标准研究……

近两年，王老吉呈现出年轻化的趋势。去年，广药集团提出了“时尚中药”的市场理念，致力通过先进科技、时尚营销，让中药成为时尚的健康产品。

自2015年起，中国饮料行业的销售增长便是个位数，相对低迷，而王老吉仍然保持着年轻的活力。一方面，王老吉在国内的市场份额节节上升，增速位于行业前列。中国食品工业协会副

王老吉药业技术人员自行研制的由微电脑控制、机电一体化的丸剂自动化包装机

会长、广东省社会组织党委副书记、广东省食品（医药）行业协会党委书记张俊修认为："这与王老吉坚持从原料、科研创新、产品营销等方面稳健前行不无关系，既促进了凉茶行业发展的破局，又赢得了行业及消费者的信任。"

更显而易见的是，品牌开始与年轻一代消费者积极建立情感连接：王老吉与《万万大电影》《盗墓笔记》《剑侠奇缘》《我们十七岁》等大热 IP 和综艺节目合作，走入年轻人视野；在产品包装上，王老吉也推陈出新。2016 年起，"吉祥罐""越热越爱态度罐""武侠罐"纷纷推出，还在拉环上嵌入全球最小二维码，颇受欢迎；技术上，搭建凉茶大数据平台，为消费者提供私人定制产品。

这背后，有王老吉不断迭代的科技硬实力与其"时尚、文化、科技"的品字形战略共同支撑。

2017 年 1 月 9 日，王老吉凭"中草药 DNA 条形码物种鉴定体系"这一项目获 2016 年度国家科学技术进步二等奖，成为凉茶行业首家获此荣誉的品牌。这项研究由王老吉与中国中医科学院中药研究所所长陈士林为首的研究团队联合完成，将世界顶尖药材鉴定 DNA 技术用于植物饮料原材料鉴定，创造出凉茶配方原料专属"基因身份证"，从源头保证凉茶的品质。

研究团队还针对王老吉凉茶原料的鉴别，建立王老吉凉茶原料及常见的混淆品 DNA 条形码鉴定体系：该体系存储了 7 种王老吉常用中药材及其混伪品的 DNA 条形码参考序列，真正实现了对王老吉常用中药材及其混伪品的 DNA 条形码快速、准确识别，确保王老吉凉茶原料正宗、稳定、一致。

2017 年 1 月 9 日下午，王老吉发布了凉茶行业首份科技白皮书《王老吉科技白皮书（1828—2017）》，可以看到，近两年来，王老吉在深耕科技创新多年后得到了丰收：

2011 年，王老吉凉茶入选国家高技术研究发展计划（简称"863 计划"），成为当时参加国家"863 计划"的首个凉茶项目和植物饮料项目。2013 年，王老吉与诺贝尔奖得主穆拉德博士、瑞士 SGS（瑞士通用公证行）联手启动凉茶国际标准研究，加速凉茶饮料国际化进程。

2016 年初，王老吉终于完成国内首个凉茶产品三年安全性系统研究。结果显示，服用王老吉样品的大鼠平均存活天数比喂食普通饲料的对照组长了 33 天左右，且没有慢性毒发和致癌情况，可证王老吉对人的身体健康有积极的作用。

2016 年 1 月 6 日，广州王老吉大健康研究院正式成立，作为广药集团大健康产品研发中心，持续开展凉茶植物性饮料的深度研究，凉茶非遗传承人郑荣波被授予院长职务。

2017 年 5 月，科学杂志 *Nature* 推出中国广州特刊，以整版的篇幅刊登了《188 年王老吉：国际化和科技创新之旅》，向世界介绍了包括 DNA 条形码在内的王老吉科技创新成果。

从药侠精神到“公益 +”

王老吉自创立之初，就离不开“经世济民”四字。王泽邦医德高尚，对生病不适的码头搬运工、黄包车夫和来往客商均有求必应，嘘寒问暖，被当地人称为“药侠”。

这种精神随着王老吉的发展壮大流传下来，在新时代有了新注解。1980 年代初，是“老老实实，同心同德，勤俭办厂，济世为民”的理念；2005 年以来，王老吉实施新企业文化发展战略，企业经营理念是“济世、科学、爱国”。

王老吉的济世情怀体现在国家每一次天灾后的热心救济上。

2003 年，“非典”席卷全国。王老吉向某部队捐赠价值 6 万元的抗非典药物、向广州慈善会赠送 13 万元抗非典药品，因此荣获“抗击非典先进集体”光荣称号。之后，2004 年的“碧利斯”台风、2008 年初的南方雪灾、2008 年 5 月的汶川地震、2010 年的玉树地震、2012 年的彝良地震和北京强降雨、2013 年的定西地震等亦如是。

2013 年 4 月 20 日，四川雅安发生七级地震，王老吉第一时间组织了一支王老吉爱心救援队，将首批 300 万元物款运往灾区。较为特殊的是，一周内，广药集团宣布投资 3 亿元在此建设王老吉生产基地，支持雅安重建。2014 年 7 月，王老吉大健康产业（雅安）生产基地竣工试产，数百个就业岗位涌现，雅安的经济发展得到有效带动。这是创造性的“输血 + 造血”公益模式。

另一方面，王老吉向来不忘关怀社会民生和弱势个体。从 2000 年开始，王老吉每年夏天开展“关爱烈日下最可爱的人”公益行动，18 年如一日，为全国近百座城市的环卫工、交警、建筑工人、公交车司机等高温工作者送上王老吉凉茶。

2010 年，王老吉以 1080 亿元的品牌评估价值，被誉为“中国第一品牌”。2012 年，广药集团成立 1.828 亿元的爱心基金，回报社会对王老吉品牌的支持。

“跳水哥”是这种药侠精神的践行者之一。2011 年 12 月，大学应届毕业生胡跃东到王老吉药业实习，并于次年 7 月正式入职，担任食品销售业务员。2012 年 8 月 8 日晚 7 点左右，他下班路过中山大学北门附近的珠江边，突然听到有人呼救，原来是一位中年男子因和妻子吵架赌气跳入江中。胡跃东没有细想，脱了鞋袜试探水位后便跳下珠江。中大学生姚鸿鹄也跳了下去。“跳下去之后才发现水很深，我 1.78 米的个头都踩不到底，而且水流急。我们本想把阿叔撑起来，但感觉还是挺沉、挺吃力的，而且很可能会呛到水。”胡跃东说，他俩将中年男子拖到靠岸的石梯旁，在岸上行人的帮助下合力将他转移到安全的地方。

胡跃东看中年男子没有大碍，很快离开了，因朋友发微博才引来社会关注。之后，胡跃东被广州市见义勇为基金会予以隆重表彰，获得见义勇为证书和奖金 5000 元，共青团广州市委授予他“广州青春榜样”荣誉称号，广药集团授予胡跃东“优秀共产党员”称号，并通过王老吉爱心基金予以 1 万元的奖励，时任集团总经理李楚源当场任命胡跃东为广药志愿服务队王老吉药业分队队长。2012 年 9 月，胡跃东被广东省总工会授予“省五一劳动奖章”；2012 年 10 月，胡跃东被广州市社工委授予“广州平民英雄”光荣称号。

2013 年至 2016 年，王老吉药业和王老吉大健康受广药集团的委托，承担了广东省第二轮“扶贫开发”的帮扶工作，分别帮扶梅州市丰顺县丰良镇仙上村和大埔县大麻镇小留村，胡跃东被王老吉药业派往仙上村担任驻村干部。三年间，广药集团和两家王老吉企业在仙上村和小留村投入资金 1000 多万元，帮扶了 191 户贫困户，修建了水圳、村道、饮用水系统，完善了村小学办学条件等民生工程。王老吉药业捐赠了新的教室、电脑室、多媒体室设备，建成王老吉仙上村文化广场。集团还引进仙草种植“造血式”扶贫项目，两家王老吉公司为仙上村和小留村提供仙草种植技术培训，累计培训 748 人次，帮助两村成立仙草专业合作社，累计投入 30 多万元；免费为农户发放仙草种苗、6 膜、肥料等生产资料，两地三年来共成功种植 410 亩仙草，为农户创造收入超过 120 万元。2016 年，胡跃东因工作积极优秀，被广东省扶贫开发领导小组评为“广东省优秀驻村干部”。

2012 年 10 月，王老吉员工胡跃东被授予“广州平民英雄”的光荣称号

“让爱吉时回家”是王老吉自 2013 年起举办的大型公益活动，旨在帮助游子顺利返乡过团圆年。近几年来，王老吉的公益形式不断升级，从线上吉金活动、吉金 + 漂流瓶送祝福、吉金 + 学生高铁专列，发展到与共青团广州市委、广铁集团、广东省湖北商会、北京猎豹移动公司跨界合作，推出以北京为始发地、覆盖 17 城的爱心橙色大巴，送千余名贫困大学生和务工青年回家，努力拓宽返乡的绿色通道。2018 年 1 月 15 日，王老吉“让爱吉时回家”第六季正式接受报名，将通过爱心专列、凭车票报销车费等方式，帮助数千名游子顺利返乡。

2014 年，王老吉与中国商业联合会中华老字号工作委员会成立了“中华老字号 · 王老吉校园公益基金”。2015 年起，王老吉陆续与国内各高校开展合作，成立王老吉校园，建立与校方合作的人才培养机制。这一年，王老吉向复旦大学提供了 100 万元校园基金，用于评优基金、校园文化和体育建设，还将公益基金注入南开大学规格最高的“周恩来奖学金”，进一步引导高素质人才培养。2016 年，广药集团、王老吉又与清华大学达成战略合作，通过捐助基金、成立“广药集团王老吉奖学金”的形式，王老吉向清华大学捐赠 1000 万元，支持优秀的创新人才，为中国梦贡献力量。

“构建公益新格局是一个长期的历史过程，王老吉希望能与更多社会力量通力协作，不断开拓慈善事业发展新局面。”王老吉方面表示。跨界合作可以取得“1+1 > 2”的效果，王老吉便大胆调度资源，牵头建立“公益 +”的生态公益系统，维持公益的生命力。对王老吉而言，公益是民族品牌植根民族、履行社会责任、回馈大众的长效行为机制，是一场马拉松。在永不止步的创新之外，王老吉同样“老老实实”地坚守了药侠悬壶济世的精神和赤子之心，在公益之路上越走越远。

（作者：黄剑）

十二

奇星药业

立德立信　创新发展

广州白云山奇星药业有限公司始创于1875年，是一家历史悠久的中成药厂，奇星药业历经百年风霜，依然在新时代源源不断焕发新彩。奇星的崛起并享誉国内外，是改革浪潮下的企业创新样板，是奇星人“不拘传统，善于创新”和“自信于己，诚信于人”的结果。奇星是一个家，奇星人“和睦共事，同舟共济”，始终坚守“爱国爱民，著利社会”的责任担当，葆有初心回馈社会。

奇星药业有限公司全景

奇星汇集，古药新香

奇星善德，源于底蕴深厚的悠久历史。

奇星1956年由岐生堂、岐寿堂、何世昌、何家园等14家私人中草药铺和作坊合并而成。原本，这些老字号独自生产、经营、销售，主要加工本地药材，制作成丸、散、膏、丹，临街是门市，后屋是作坊，一天的产量在一百盒左右，品种以白凤丸、七厘散、保安丹、补肾丸、益母丸、回春丹等为主。

其中，尤以1875年创办的岐生堂、1921年创办的何世昌名号最响，口碑最好。这些老字号除了有过硬的产品之外，还有很强的社会责任感和救世情怀。

何世昌药业创办人何尔昌生于1876年，自幼家境贫寒，不得不辍学外出谋生。但是何尔昌并不甘于此，他在20岁时到香港发展，从香港到南洋转了一圈，发现了一个很大的市场机会，那就是当地市场医药两缺，百姓饱受病痛的折磨。回到香港后，何尔昌到处寻医问诊，寻遍中国名医，搜遍古今良方，并在1921年创办了何世昌药业。何尔昌在1929年被一致推举为药业代表，并当选东华医院首席总理及保良局首席总理。何尔昌带动了何世昌这个品牌的行业知名度并提升了社会美誉度。

公私合营，潜力巨大

1956年，在国家对私营工商业实行社会主义改造中，中成药工商业实行公私合营。当年4月，先由何世昌、岐寿堂、何家园、吴一堂、何熙明、杏芳园、梁和昌等7家与岐生堂合并，以岐生堂、何世昌原址为基点生产车间，其余各厂均将原址迁移或撤除。当年7月，又有7家中成药厂店正式加入，合并为“公私合营岐生堂联合制药厂”。

为了进一步加强中成药工业生产的管理，1965年5月“广州中药制药总厂”正式成立，全市9家中药厂由总厂统一领导，各厂按剂型分工，“公私合营岐生堂联合制药厂”改名为“广州中药五厂”，成为生产散剂的专业厂。1979年8月，中药八厂并入中药五厂。1981年中药五厂根据岐生堂的谐音“奇星”，改名为“广州奇星药厂”。

如果说历史积淀使奇星厚积薄发，那么不断的改革创新则使奇星迎来了大发展的机遇。

奇星药厂整合完成后，企业上下干劲十足，通过“走出去”和“引进来”，不断学习和引进先进生产技术，自主研发独家产品，在医药行业崭露头角，特别是千柏鼻炎片和复方感冒灵的自主研发成功，在市场上取得了巨大反响。

千柏鼻炎片不仅在华南地区热销，在北京也迎来了一波又一波的疯抢潮。1980年12月，北京电台广播了千柏鼻炎片的疗效，一时间，每天一大早去北京同仁堂等候购买的顾客排起了大队。由于当时的运输条件不像现在这样发达，货源从南到北常常时断时续。1981年1月6日，总共36箱5400瓶千柏鼻炎片空运到店，货到商店不到10个小时就销售一空。第二天，北京同仁堂药店门前有近千人排队竞相购买千柏鼻炎片。开门后，三个玻璃柜台被挤坏，当天同仁堂不得不停止出售。千柏鼻炎片一跃成为奇星知名产品。

科技兴企，逆势腾飞

20世纪80年代末，在广州工商企业出现大范围经济滑坡的大环境下，奇星公司异军突起，逆势高速增长，一跃成为排头兵，创造了业绩排名连续7年第一的奇迹。

这样的奇迹缘于一位传奇的领军人物——老厂长朱柏华。朱厂长以“开荒牛”自居，1986年调任奇星药厂厂长。当时的奇星地处市中心，但连个像样的门面都没有，大宝号招牌也只有豆腐板那么大，大门只有两米，厂房也分布在大街小巷，多达24个门牌。初到奇星，朱柏华一片茫然。

工厂的 24 个门牌让他感到出奇，更让他困扰的是仓库堆满了滞销产品，无钱购买原材料，职工思想混乱，离厂报告纷纷递来。

面对重重困难，他没有退缩，一连数天翻阅工厂资料和账目，找职工谈心，征求意见，从盘根错节中，他终于寻到了突破口。他大胆地提出了一个设想：不惜代价，打造拳头产品。

奇星并没有选择传统热销产品，而是力排众议选择了当时还在攻关阶段、尚不具备生产能力的“华佗再造丸”。华佗再造丸是京城四大名医、当时国家药典委员会成员冉小峰献出的祖传秘方，遵循中医“治风先治血，血行风自灭”的经典理论，由 10 多味纯植物药组方而成，它不依赖中医治“风”总离不开全蝎、蜈蚣、水蛭、土鳖虫等动物药，而是采用纯植物药组方。这样组方的好处是，既克服了动物药因其破血作用和毒性而易致再发脑出血或其他副作用，又克服了动物药因其有效成分易分解而影响治疗效果。

拳头要打响，靠的是质量。奇星先后吹响了“制药求精”“科技兴企”的号角，严把质量关，加大科研创新力度，在 1988 年 3 月成功攻下了华佗再造丸这个国家“六五”攻关项目之一的科研课题，成为中华人民共和国成立以来第一个获得中成药国家级攻关项目专利权的企业。

1988 年，对奇星人来说是难忘的一年。这一年，华佗再造丸实现批量大生产，热销全国；这一年，奇星赤岗新厂区奠基，开启现代化制药的新征程。

2012 年 9 月，美、俄、中三国专家参加“国药秘方 国际选择——华佗再造丸中外名家学术研讨会”

2012 年 1 月 10 日，诺贝尔奖得主穆拉德院士带领团队到奇星进行华佗再造丸科技交流

从 1986 年到 1990 年，奇星工业总产值增长近 5 倍，达到 2 亿多元，销售收入增长了 7 倍，达 2.29 亿元，堪称行业奇迹。1993 年，奇星赤岗厂全面落成。

随着改革开放的深入发展，为了在日益激烈的市场竞争中占据优势地位，1993 年，广州奇星药厂与港资企业合资组建了广州奇星药业有限公司，从此走上一条健康快速的发展道路。2012 年，奇星药业借力“白云山”的品牌优势加速发展，更名为“广州白云山奇星药业有限公司”。

华佗再造，享誉国际

科技创新和秉承“制药求精”宗旨，为奇星赢得了社会各界广泛认可和一流的口碑。在中医药国际化进程中，奇星凭借华佗再造丸的卓著疗效和一流口碑，开拓出一条独特的中药国际化发展道路，成为中医药文化走向世界的领航人。

奇星制药求精，华佗再造丸的优良品质和卓著疗效，为奇星药业冲出世界鼓足力量。

著名诗人艾青曾因体弱中风长期卧床。奇星药厂党委书记、中国诗歌学会会员刘丙辰听说后心急如焚，通过广州《华夏诗报》主编野曼牵线，向他赠送了华佗再造丸。有意思的是，著名作家柯岩因患脑血管疾病，左胳膊难以抬起，服用华佗再造丸不到两个月就收到了良好的效果，成

1989 年 10 月 14 日，奇星药厂党委书记刘丙辰（左一）在著名作家柯岩（左二）引荐下，首次拜访艾青（右二），并与艾青及夫人高瑛（中）合影

了华佗再造丸的活广告，也给艾青推荐了这款药。

奇迹般地，艾青服用华佗再造丸后中风顽疾开始逐渐消除，不但能下地行走，还能自如握笔写字。1993 年 10 月，刘丙辰探望艾青，艾青激动地说："那 20 年的坎坷，我在精神上挺过来了，但身体却被折磨垮了，再加上后来患上中风顽疾，更是雪上加霜。你们那个药，真是雪中送炭啊！"他欣然为奇星题字"造福人民"。

国际市场的开拓上，奇星药业坚持文化自信，坚持"让世界与中医药接轨"，竭力推广中医药文化，让国外接受中国中医药的标准，认识和接受中医药文化。经过漫长而艰苦的攻关和努力，华佗再造丸成功以药品身份走出国门、走向世界，获得全球 6 大洲 29 个国家和地区的官方注册批文，销售网络覆盖东南亚、东欧、南美洲、大洋洲等国家和地区，连续 10 年保持中国治疗性中药出口第一，创造了中成药出口的奇迹。

如今，奇星品牌享誉国际，奇星人不忘本源，致力为中医药文化国际化牵线搭桥。2010 年，广药集团借助奇星华佗再造丸在独联体国家广被认同的基础，在白俄罗斯成立"广药集团心脑血管中药国际（独联体）研究中心"，把中药研发推向国际化。

在俄罗斯，中国的华佗再造丸几乎是家喻户晓，那里气候寒冷，人们又喜欢喝烈酒，心脑血管疾病高发，因而也成华佗再造丸的热销地区之一。

戈尔科夫是一位住在莫斯科郊外的退役军人，因患脑血栓不得不退役。1998 年春天，华佗再造丸大规模销往俄罗斯，并且陆续进入各大城市的医院和药店。戈尔科夫听说这是来自中国的药，他想“那可是个了不起的地方啊”，又听说华佗再造丸问世几十年来已经让数百万中风患者重新站起来，他连续服用了两个疗程，手心开始有暖意，头晕、头痛减少，睡眠改善了，左半身有了知觉；连续服用不到一年，已经能在女儿的搀扶下拄着拐杖长距离行走了；数个疗程后，他几乎完全康复。戈尔科夫的奇迹是华佗再造丸的奇迹，也是中国的奇迹。

博爱助人，济世为怀

无论是生产改革还是国际化探索，奇星药业的传承创新之处始终围绕受众，这也是它能赢得国际信誉的根源。奇星药业的文化价值还体现在企业社会责任上。

早在 20 世纪 80 年代末，奇星药业就开创性地与中国足协签下了共建中国女足的协议书。这是中国体育发展进程中具有标志意义的里程碑，也是奇星药业敢为人先的开拓之举。

当时的中国女足正处在困难时期，大家并不看好奇星药业与中国足协的“共建”。但是当时的厂长朱柏华坚信女足前途一片光明，给予中国女足最强大的经济支持，帮助中国女足在世界大赛中不断取得佳绩。

中国女足回娘家与奇星公司共同开展大型公益活动

世界足球小姐孙雯曾说："奇星与中国女足合作共建，这是任何企业都无法与奇星相比的。奇星总是在背后默默地支持我们：比赛时为我们加油助威，积极与我们开展各种活动，甚至订机票这类小事他们都记得为我们处理……这是一种精神，一种感情。"女足名将、"快马"赵利红说："奇星对我们来说已经不是一个简单的企业名称，在我们心目中它是一个家。"

奇星博爱济世的大家族中，受到关怀的家人群体越来越庞大。2006 年，奇星药业组织员工参加"携手慈善，共创和谐"扶贫济困送温暖和支援广东部分地区洪涝捐款等活动，共计捐款 94 多万元、衣物 3000 件；2007 年参加"送温暖、献爱心"等活动共计捐款将近 90 万元、衣物 6000 件；2008—2009 年参加广东省红十字会举办的"健康传递"爱心帮扶活动，捐赠药品总价值达 400 多万元……奇星大家族一直行走在行善的道路上。

2010 年 6 月，奇星药业与广东省红十字会共同建立了全国首家中风医疗专业救助基金——奇星华佗再造博爱基金。从基金成立的第二年开始，奇星药业每一年度都向基金捐赠总价值不低于 100 万元的资金和药品，为受助患者提供中风疾病的治疗用药或医疗费用。

茂名市信宜池洞镇新垌村地理位置偏远，当地有个女性中风患者属于二级残疾，她的丈夫也已经年逾古稀，家庭没有固定收入。整个家庭更大的困境还在于，他们育有 7 个子女，但 5 名患有进行性肌肉萎缩，其中 2 名子女已经完全失去劳动能力，另外 3 名子女手脚无力，不能行走，

2018 年 1 月，白云山奇星董事长、总经理张春波（右七）代表奇星领取中国红十字会人道服务奖章

而且情况在继续恶化。

2014年12月，华佗再造博爱基金在信宜开展救助期间，走访了这个不幸的家庭，随后联合广东省红十字会、信宜市红十字会、中山大学第一附属医院神经内科对他们进行了医疗救助，并发动了企业员工和社会力量进行募捐。经过华佗再造博爱基金两年多的救助，家庭成员的身体状况和生活状况都得到了很大的改善，甚至搬进了新房。

华佗再造博爱基金在救助过程中发现，中风患者长期遭受病痛折磨，导致病人及家庭成员无论从生理上还是心理上都与社会产生很深的界沟，他们大多在努力中失去了“重塑生命”的信心，造成社会关系的断层，形成“孤岛”效应——“病痛孤岛”“情感孤岛”“经济孤岛”。如何在药物治疗的同时提供精神上的支柱，成为奇星药业不断思考的问题。

2012年10月29日，奇星药业第二次联合广东省红十字会、共青团广州中医药大学委员会启动了“薪火燎原，传爱中国——中风孤岛救援中国行”项目，深入中风孤岛人群，以实际行动关怀和救助贫困中风患者及其家庭，向他们普及中风预防、康复知识，传递爱心正能量，重燃他们对生命的希望。

截至2017年，华佗再造博爱基金和广东省中医院、清远市中医院等17家医院合作设立“定点医院”，审批救助贫困中风患者近8000人，免费发放救助药品华佗再造丸12万盒，捐赠救助资金100万元，覆盖广东省内大部分域市，并延伸到河南、四川等地。这是奇星公司“德、信、新、和”企业精神的延续和传承，体现了奇星公司对生命健康的重视和尊重。

过去，奇星凭借智慧和激情创造了属于自己的奇迹和辉煌；现在，奇星秉承博爱和创新的理念，为创造下一个奇迹和辉煌打下扎实的基础；未来，奇星可期，奇星人可期。

（作者：王小茶）

十三

白云山星群

百年星群　群星闪耀

白云山星群公司是全国首批“中华老字号”企业，这家百年药企历经多次吸收合并，其发展史可追溯至1868年成立的广州“黄祥华”，至今已有150年。无论时间如何演变，星群作为全国第一间中药提炼厂，一直为推进中医药事业发展而传承着担当、创新的企业好家风，并迸发出勃勃生机。怀着满腔热情与斗志，星群人将秉承弘扬南药、治病救人、产业报国的初心，赓续150年的精神血脉，在新时代破浪前行。

白云山星群药业公司外观

“韩康伟业”（韩康，东汉医士），是光绪十年（1884 年）李鸿章为黄祥华药店所题横幅。20 世纪初期，中西成药在中国尚未普及，看病吃药不方便也不经济，对一些轻微病症，患者往往愿意自行处理解决。能舒缓多种病症的各种外用药油，在那个年代担当着救急扶危的重任。黄祥华作为药油世家，产品广销中华大地，对当时国人的健康发挥着重要作用。

广州“黄祥华”于 1868 年开业，历经整合变迁，最终于 1969 年并入白云山星群药业的前身——广州第四制药厂。

当今医学昌明，但“药油”在广大消费者的医疗保健生活中，仍担当重要角色，其携带方便、经济实惠、疗效显著的特点，让每家每户都把大瓶小瓶的药油常备家中。这些瓶瓶罐罐不少源于“祖传秘方”，历史悠久、功效卓著，像星群的二天油、救心油、瑞草油、红花油等，都是人们耳熟能详的药油产品，星群也因此被誉为“药油世家”。

然而，这只是星群药业璀璨的医药文化中的一种。

走过 150 年，星群药业的产品“群星”闪耀，包括颗粒剂（冲剂）、软胶囊、硬胶囊、糖浆、口服液、药油等中西药制剂。怀着满腔热情与斗志，星群人将秉承弘扬南药、治病救人、产业报国的初心，赓续150年的精神血脉，在新时代破浪前行。

担当：开启中药发展新时代

1949年的广州，疮痍满目、百废待兴。新成立的市政府号召人民恢复生产、发展经济，这为一批爱国知识分子和有抱负的中医药界人士提供了良好机遇。

为推进中医药事业发展改革，广州等地区一批有抱负的中医药界人士，以“民族形式、科学内容、大众方向”为宗旨，于1950年3月集资组建了我国第一间中药提炼厂——广州星群中药提炼厂。

当时，参加奔走集资的中医药界人士在300人以上，许多中医药界知名人士进入董事会或参与厂内工作，并招揽了一批志同道合的中西医师、药师、化学师等人才。

建厂初期的星群，投资资金只有1万余港元，员工仅20余人，厂址设在广州市十八甫路89号，厂房面积不足200平方米。就是在如此简陋的条件下，星群的创业者始创中药炼剂，把常用的单味中药提炼成酊剂、流浸膏、浸膏、浸膏溶液、片剂、粉剂等剂型。

星群在全国首创的“中药现代提取技术”，成为中药制药界的科技标杆。如今，全国几千家中药厂的发展，都受惠于中药现代提取技术。

创业者启用“星群”作为企业名称，颇有深意。当时，中药炼剂是一项新兴事业，别无分店，创业者对自己的事业信心十足，对炼剂市场的前景抱有十分乐观的估量。他们预期，星群是独创

二天油至今仍是星群公司的主要产品之一

的第一家中药提炼厂，日后还会有第二家、第三家……星群作为名称，既预示了其人才、产品的百花齐放，也有星罗棋布、遍地开花的寓意。

果然，1951 年 6 月，星群汕头分厂便开业了。在汕头等地股东增资下，星群把生产车间搬迁到光塔路仙邻巷 29 号，使企业初具药剂生产雏形。此后不久，中药炼剂作为一项新兴事业，在湖南、湖北、江西、广西等地蓬勃兴起。

1953 年至 1954 年初夏，国家对私营商业企业进行政策性的结构调整，把部分商业企业转并到工业方面来。当时并入星群的有广福行、永利药房和胜利药房。此次合并使星群在资金、厂房、人员、设备等方面均获得扩充，并形成了生产液体炼剂及植化药、古方片剂两个生产车间。1956 年，全国推行“公私合营”，星群与新生药厂、雷天一药厂等合并为“星群联合制药厂”。历经 3 次扩迁合并，星群发展到 4 个生产车间，职工人数近 200 人。

1957 年金秋时节，应各地生产厂家迫切要求，由星群药厂组织的首届“全国炼剂技术交流会”在广州召开，出席代表 200 多人，来自全国各地的 21 间厂家。会议盛况空前，与会代表热烈交流了炼剂生产实践中的心得体会、经验和教训；认真讨论了炼剂工艺规范和质量标准的制定方法及分工起草事宜；畅谈炼剂事业如何继续提高发展的远景设想；商定了会后如何保持联系交换信息；等等。在会议上，星群厂重点介绍了炼剂“对应煎剂量”的设计思想、方法与实践体会以及植物药提纯的生产实践心得和发展设想，受到与会代表们的高度重视和一致赞赏。

短短几年间，星群的生产规模不断扩大，炼剂产品有单味提炼制剂 217 种，古方成药 36 种；古方成药合剂 33 种，并有数种植化药品。到 1958 年，星群的年产值达 533 万元，中药炼剂生产进入了鼎盛时期。

创新：快速发展的辉煌时期

中药炼剂和星群的多个“首创”一起，铺成了星群药业星罗棋布的格局。

在发展中药炼剂的同时，星群致力于植物药的提纯研究，并有相当的科研技术贮备。因此，凭着自尊自强的信念和勇于创新的精神，星群人很快就调整生产经营，向植物药提纯进军。

所谓植物药提纯，就是从植物中提取某些化学成分作为医药原料。例如从野生黄藤中提取延胡索乙素等。这些在全国还没有先例。如果能进一步改革工艺生产植化药物，无疑又是一项创举。

20 世纪 60 年代，星群人把芳村的一个仓库改建成植化药物生产基地，成功地试制、生产出卢通定、延胡索乙素、氨溴酸东莨菪碱、盐酸可卡因、亚油酸乙酯、利血平等一大批令人注目的新产品。

在成功地开发植物药的同时，星群人亦开始软胶囊制剂方面的探索。他们利用植化药物芦丁、亚油酸等的原料，在科研单位的协助下，于1963年研制出治疗心血管病的新药——益寿宁，这个药品一度成为商业部门重点收购的品种，当时年产值已达230多万元。

1969年，星群药厂与由“二天堂”及“雷天一”组成的健群药厂进行合并，并改名为“广州第四制药厂”。星群被誉为“药油世家”，也始于此时“二天堂”药油剂型产品的纳入，广州黄祥华药厂与星群的渊源也正出于此。同年，企业又研制成功颗粒冲剂，这个剂型以携带服用方便、易于包装运输、生产成本低廉等优点，推出后深受医疗单位和用户的欢迎。复方维生素B1、枇杷止咳糖、橙维C等一批颗粒冲剂新产品畅销一时，为星群带来了可观的效益，这也为1980年星群率先研制出“夏桑菊”颗粒打下基础。

1970年，星群又着手研制滴丸机，年末滴丸车间投产。1974年，星群人凭着敏锐的目光和远见投入牡荆油滴丸的试制。他们看准了牡荆挥发油治疗慢性支气管炎的良好疗效和庞大市场，经过几年的研究、试制，于1977年成功地应用新技术将牡荆挥发油制成以明胶、甘油为基质的滴丸，并通过卫生部委托中医研究院主持的部级鉴定。1978年，星群的牡荆挥发油研究获全国科学大会奖；1981年，该项目获国家优质产品银质奖，成为广东省第一个荣获国家质量奖的医药产品。

星群在全国首创五大制药技术，对整个医药行业发展起到了巨大的作用，确立了星群以胶丸、酊水糖浆、液油、颗粒冲剂四大剂型为主的综合制剂生产老字号企业的地位。

也许，“脉通”的故事更能见证星群人敢为天下先的勇于担当的可贵精神。1970年6月，周恩来总理在会见外宾时，看见他们服用一种易于携带和服用的叫“BEMOL”的软胶囊药物，用于治疗心血管病。周总理认为：“中国人口多，患心血管病的也不少，我们也应该有自己的‘BEMOL’。”于是，他向客人要了一瓶，并向国务院提及我国能否仿制的问题。国务院即批转化工部，由化工部在北京召集全国四家生产胶丸的药厂征询承担试制BEMOL的任务。周总理指示抓紧研制，在任务艰巨、京津沪等药厂无法接受任务情况下，时任星群药厂生产组组长郑尧新在征得主管部门同意后，毅然接受研制任务。

于是，星群公司迅速组织最强的科研力量开始研制。星群的科技人员从北京带回的12粒BEMOL样品也就成了参照物。他们首先对BEMOL拆分，弄清楚胶皮和内容物成分；先后攻破了原料采购、胶皮配方、压制成型等难关，终于在短短6个月时间内试制成功中国第一粒“脉通”（现

20 世纪 80 年代初，全国软胶囊研制技术经验交流会在星群药厂举行

时任广东省委书记谢非（右）到星群检查指导工作

名：复方三维亚油酸胶丸 I）。试制成功后，星群药厂把 20 瓶脉通样品送到北京，通过技术鉴定，功效与日本 BEMOL 基本一致。1970 年 12 月，星群率先在全国成功研制出软胶囊。1971 年，星群首创心血管药物“脉通”成功上市，并建成全国第一家软胶囊生产车间，开拓了星群软胶囊生产的新局面，填补了国内空白。20 世纪 80 年代初，全国软胶囊研制技术经验交流会在星群药厂举行。至今，软胶囊仍是星群主要的产品剂型之一。

涅槃：管理与制度创新

在不同的时代，星群药业总是能顺应时代潮流，实现管理和制度创新。

一场“文革”，同样深深影响着星群的运营，在“文革”结束时星群的管理已大不如前。在 1977—1978 年，由于当时的重点产品“益寿宁”产销脱节、质量不稳定等原因，导致企业亏损 236 万元，产值下降 70%，星群经历了一场重大挫折。在此背景下，星群人吸取教训，并乘改革开放的春风，企业领导在 1979 年进京学习后，决心推行全面质量管理（TQC）。

1980 年起，通过加强生产全过程质量管理、加强目标管理、加强员工教育培训、建立经济责任制等措施和努力，星群的生产经营形势很快改观，企业的生产面貌、产品质量、经济效益、管理水平、职工精神面貌为之一新。星群很快渡过了难关，到 1983 年实现盈利 580 万元。经过多年推行全面质量管理，企业的质量保证体系得到完善，于 1986 年荣获国家医药管理局颁发的质量管理奖。

到了1990年代，股份制改革在广东各地推广，星群药厂又领风气之先，成为广州市较早开展股份制改革试点的企业之一。经过近一年的筹备，星群于1993年6月28日取得工商注册登记，成功改制为“广州星群（药业）股份有限公司”。当时注册资本5350万元，发起人股东为广州市医药总公司，内部职工股约占总股本16%，企业数百职工入股成为股东。通过股份制改造，星群转换经营机制，为企业的发展注入新的活力。星群改制后，企业总体发展平稳向上，到1990年代末期，年销售收入稳定在2亿元左右，利润约2000万元。

星群创建以来，厂址一直在市中心。改革开放后，星群与广州的城市经济建设同步经历了快速发展，原有的生产厂房已难以适应企业的长远发展需要。其实早在1990年代初，星群人就意识到，作为已有一定规模的工业企业，星群必将面临迁出闹市区的抉择。1993年，星群在广州市郊南洲路征地以备迁厂规划，经过多年的筹备，先后投资约2亿元，按GMP标准设计兴建了一座4万多平方米的新厂房。该项大规模的易地扩产技术改造工程，引进了多套国际先进的生产设备，并于2003年初建成投产，2004年一季度九大生产剂型全部通过GMP认证。此时，企业的生产条件和生产规模有了质的飞跃，星群的发展翻开了新的一页。

迁厂后，星群继续获得众多荣誉：2006年被国家商务部评定为全国首批“中华老字号”企业之一；同年，夏桑菊作为广东凉茶，成功申报“国家级非物质文化遗产”；2007年，荣获“广东省高新技术企业”称号；次年，被评为“改革开放三十年广东省中成药产业20强企业”；2010年，被认定为“广州老字号”；2013年，被认定为“广东老字号”企业；2014年荣获“国家守合同重信用企业”称号；2015年，夏桑菊颗粒研究成果获省级“科学技术进步奖”……

2011年，星群实施广药集团白云山品牌战略，创新性地把白云山品牌应用到星群产品。2012年，广州星群（药业）股份有限公司更名为“广州白云山星群（药业）股份有限公司”，星群全厂各剂型通过新版GMP认证。

迸发：在传承中创新

在白云山星群的众多著名产品中，夏桑菊堪称“星群”中最闪耀的一颗。

1980年，正值改革开放之初，有港商到星群参观并订购了三个产品，其中一个是由桑叶、菊花作原料的名为“桑菊饮”的干糖浆。当时星群的技术人员提出，“桑菊饮”是传统古方，除桑叶和菊花外还有十几味中药，不只用两味药，不能用此名称，不如多加一味夏枯草，取名“夏桑菊”。“桑菊饮”是清代吴瑭《温病条辨》所载名方，而夏枯草是民间常用的清饮药材，夏天煲水饮，具有消暑降湿、利尿降压的作用，对岭南人的“热气”尤为奏效。星群结合传统古方和产品的实际应用，巧出心思首创“夏桑菊”。然而，由于港商在外未能打开市场，夏桑菊的生产暂时搁置了下来。

时隔两年，星群为了寻求更好的发展机遇，在调整产品结构时又一次把目光投到夏桑菊上。

1984 年初，经过工艺完善和革新包装设计后，夏桑菊试探性地推出市场。为了冲破消费者对这一新生产品的认识障碍，星群和电视台精心制作了三辑电视广告陆续播出，“楷叔楷叔，请饮星群夏桑菊”等顺口溜一时传遍街头巷尾和千家万户。群众渐渐发现，原来口感香甜、服用方便的夏桑菊的确有意想不到的疗效。

很快，夏桑菊名声渐起，销售开始势如破竹。到 1986 年产销已达 2 亿小包，产值突破 2000 万元。

此后，夏桑菊一直成为星群的支柱产品，在 1990 年代初，年产销 3 亿小包，年销售收入达到 1 亿元以上。到 1990 年代中期，星群夏桑菊冲剂在华南地区已几乎家喻户晓，并于 1996 年荣获国家中医药管理局授予的“中国中药名牌产品”称号。

2006—2007 年，香港科技大学与白云山星群药业强强联合，共同进行“名优中成药夏桑菊有效部位抗禽流感研究”，并成功获得国家发明专利。研究发现，星群夏桑菊含有能防止 H5N1 病毒入侵细胞的有效成分，可以预防和治疗禽流感。这项发现，至今依然在禽流感的预防和治疗研究中发挥着重要的作用。“广药星群夏桑菊”也被誉为“中药达菲”。

星群的另一明星产品药油，亦反映了星群在历史传承中的创新精神和能力。

星群公司被评为全国首“中华老字号”企业

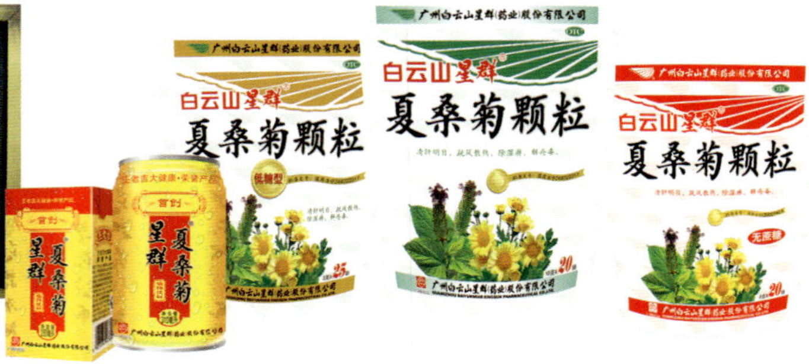

星群公司重点产品“夏桑菊”系列产品

星群公司董事长姚江雄表示将牢记企业使命，再创公司新辉煌

如意油首创于150年前的清末；二天油首创于1930年，距今也有80余年历史。由此可见，星群的药油产品既有悠久的历史，又能集众家之长。于1868年开业的广州“黄祥华”，在1956年开展的公私合营工作中，和十几家药厂一起，与二天堂药厂合并为“公私合营二天堂联合制药厂”，合并后的“二天堂”于1966年更名为健群制药厂，再于1969年并入星群。星群传承了不少配制药油的“独门秘技”和经典配方，再加上星群人有敢于开拓创新的精神，先后研发出多个新产品（如曾多次获得广东省优质产品奖、填补国内空白的红花油），因此在制药同行中，星群一直有“药油世家”的美誉。

对一家拥有百年历史的药企来说，立足当下，让深厚的历史文化积淀在新时代焕发活力是最重要的。星群在“大南药、大健康”的双轮驱动下，一方面深入研究、实施“潜龙计划”，将深度分销、销售重心下沉进行到底；一方面积极探索新的销售领域，大健康产品的发展硕果累累。

2012年，星群实施“大南药、大健康”双轮驱动战略，多个冬装护肤产品上市，开发食品饮料、保健品等系列产品。此后，星群在发展大健康产业的道路上大踏步前进：2013年推出“王老吉荣誉产品星群夏桑菊饮料”；2014年成立广州白云山星群（药业）股份有限公司健康品分公司，推出盐汽水、矿泉水等水系列产品；2015年成功注册“白云山星群”商标，公司承担制定的夏桑菊颗粒新国家标准被纳入2015年版《中国药典》；2016年成立广州白云山星群健康科技有限公司，全面推进大健康产业的运营。

白云山星群主打产品夏桑菊颗粒，在30多年的历史创新中共计荣获12项发明专利，并且首创夏桑菊植物饮料。2017年，白云山星群实行夏桑菊颗粒“价值链”重组及渠道拓展，通过一年的执行，“价值链”主体框架形成，初具成效，夏桑菊颗粒全品规销售稳步增长。2017年，星群荣获“健康产业产品创新奖（2013—2017）”。星群公司出品的“白云山天然矿泉水”作为2017广州《财富》全球论坛官方指定用水在2017年底亮相国际，提升了品牌影响力。

追根溯源，弘扬原创正药；品质保证，树立行业标准。2018年，是全面贯彻落实党的十九大精神的开局之年，是改革开放40周年，是实施“十三五”规划承上启下的关键一年，而且是星群公司创业150周年。公司董事长、总经理姚江雄在采访中表示：白云山星群将继续朝着技术创新、经营创新、管理创新的方向不断前进，着力提高企业核心竞争力。星群这家百年民族药企，将以健康之“星”，呵护人“群”的企业使命，始终保持创新进取的姿态，去拥抱日新月异的明天，争取早日实现“打造夏桑菊第一品牌和医药健康产业一流企业”的愿景！

（作者：张晓棠）

十四

白云山中一药业

养和树德　风华正茂

白云山中一药业的历史最早可追溯到1662年创办的黄中璜以及1669年创立的保滋堂，经过350多年的发展，兼收合并了40余家药厂药店，从“前店后坊”的小药店成长为今日大型的现代化医药生产企业。中一人始终坚信企业传承的不只是历史精粹，更有治病救人的医者仁心，所以一直以来秉承着“传承精粹，治病救人暖人心”的理念，坚持以品质服务社会，为更多人的健康保驾护航。

“嘘寒问暖，始终如一”是白云山中一药业的宗旨，也是每一个中一人的行动指南，未来他们也将会以坚持不懈的敬业精神，传承和发扬中医药事业，引领中医药行业走得更远。

白云山中一药业全景

中药老字号"活化石"

1669年，即清康熙八年，广东番禺人潘务庵在广州双门底（今北京路）创立了保滋堂。他恐怕从没想过，历史的车轮运转349年后，这家老字号依旧以一流的姿态傲立岭南，发展成为全国知名的中医药企业。

潘务庵从小聪敏，在名医教授下成为国手，以"救病扶危"为宏愿。据《佛山市药业志》记载，他在行医时，常遇到幼孩患急惊风而死，为此深感痛心，便开始钻研治疗之法。经过反复试验，他成功研制出使保滋堂声名鹊起的保婴丹。

保婴丹疏风清热、化痰定惊，组方中含有珍珠、牛黄、冰片、麝香、琥珀、朱砂、蝉虫、天麻、天竹黄、白僵蚕、全蝎、防风、钩藤、白附子等药材，可令患病小儿转危为安。道光二十三年（1843年），时任两广总督祁贡的家族里有婴儿突发高热，喉咙多痰，被带到保滋堂就诊。医生把脉后，病孩被喂食保婴丹，须臾停止惊厥，回家不久高热退去。祁贡听闻，为保滋堂题"养和树德"牌匾，赞其医德高尚。达官政要的口碑使保滋堂声名远播，海外华侨亦购保婴丹在家以备不时之需。

三年后，保滋堂迁至广州桨栏路 64 号注册开厂，不仅铺面扩大数倍，更另建工厂、栈房，扩充业务；又根据古方研制出金匮肾气丸、健步虎潜丸、补中益气丸、理中丸、附桂理中丸、乌金丸、男妇八珍丸、磁朱丸、礞石滚痰丸和附桂八珍丸等 10 个新品种中成药。据《广州医药志》，因保滋堂药品质量上乘，售价比普通药店高至少 20%，竟也门庭若市。同保滋堂一样，各老字号的作坊都有热销产品：梁财信有熊胆跌打丸，马百良有礞石滚痰丸，还有集兰馆的三蛇胆川贝末、犀黄丸、金锁固精丸、虎潜丸，黄中璜的调经丸、三达丸，橘花仙馆的清心牛黄丸、安宫牛黄丸、温热至宝丸等。

后来，保滋堂作为主体，与黄中璜、广芝馆、集兰馆、梁财信、刘贻斋、橘花仙馆、马百良等老字号合并，各家秘方汇集，成为现代化中成药的先声。在近四个世纪里，40 余家药店药厂几经合并、整改、更名，组成了今天的白云山中一药业。

中国最动乱的 100 年间，保滋堂亦颠沛流离，这家老字号与中国人民一起走过了最动荡艰辛的 100 年，也正是这股顽强的精神保住了中医药文化的血脉。

咸丰年间，太平天国起义从广西一路打响，保滋堂股东们为避战火，在佛山豆豉巷开设支点，关作杰是司理人，秉承“救病扶危”的宗旨，将广州保滋堂所制 20 余种质量上乘的中成药运至佛山销售，保住了保滋堂的血脉，继续为地方百姓谋福祉。

鸦片战争后，广州作为口岸之一，受冲击极大。1945年后，这些企业又面临货币贬值、税收繁重、

保滋堂老牌匾

西药垄断的局面。保滋堂售出药品得 10 万元货款，很快贬值为 1 万元。受战事和政治运动影响，中医药行业长期停滞。

新征程，再出发

1949 年后，随着中华人民共和国的成立，保滋堂重振旗鼓再出发，踏上新征程。1961 年成立保滋堂联合制药厂，五年后由于“破四旧”，改名为“广州中药一厂”。1985 年后，国企改革进一步深化，中药一厂实行厂长负责制。彼时国内还未提倡 GMP（生产质量管理规范）认证，厂长郑尧新已自行翻译并组织员工学习 GMP；1988 年还自筹资金，对旧的厂房、设备分期彻底改造，引进大批先进设备，使颗粒造粒、胶囊填充、制剂包装全过程实现机械化、自动化生产。1991 年，中药一厂获得国家质量管理奖，七年后成为国内第一批通过 GMP 认证的公司。

1997 年，在医药体制改革的浪潮中，中药一厂、陈李济药厂、潘高寿药业、羊城药厂（王老吉药业前身）等多家老字号企业联合成立广州药业股份有限公司，同年在港交所上市。这些老字号均成为广州医药集团有限公司子公司。

同年，中一药业开启了在营销领域的布局。在研究跨国公司的营销模式后，中一率先在北京设立代理商，在当时同行业中极为罕见，效果也立竿见影：1998 年，中一销售额比 1995 年几乎增长了一倍，利润增长近 1.5 倍。中一药业较早提出并实行现款现货的销售模式，创新性实行产品控量发货及保证金制度，规范渠道价格，确保各级渠道的利润。

2001 年，考虑到老城区硬件条件对企业发展的束缚，中一的领导班子决定将厂区整体搬迁至云埔工业区。在这里，中一药业拥有了规模空前、生产条件全新优化、研发到物流一体化的全新厂区，极大地促进了企业产品的升级换代和新产品开发。

2003 年，伴随着平价药店的出现，医药行业第三终端全新理念提出，中一再次认识到只有强化渠道和终端的开发，做好消费者宣传及品牌塑造，使企业人文关怀的理念深入基层，企业才有立身之本。

经过多年的努力，中一形成了完善的渠道网络，包括核心渠道商 80 家，二级渠道商 800 家，构建了辐射省、市、县以及覆盖医院、药店、第三终端的“横向到边，纵向到底”的营销网络，保证了中一产品可以源源不断输送到全国各地的每个角落。如今，南到中缅边界的边陲小镇，北到黑龙江漠河的乡村药店，都有中一药业的产品在售。2005 年开始，中一着手建立深度分销体系，理顺销售渠道，稳定和发展商业销售。

2008年，中一药业成立了创新研发机构，以广东省糖尿病药物工程技术研发中心为核心，团队中囊括了院士、学术带头人、技术开发人员等多学科、高水平科技创新人才，建立了完善的以企业为主体的自助创新体系。

新世纪的第一个十年，中一连续多年被授予“高新技术企业”称号，三款龙头产品也获誉不断——“消渴丸”被授予“中国专利优秀奖”，“安宫牛黄丸”和“保婴丹”都被认定为“广东省岭南中药文化遗产”，“保滋堂保婴丹制作技艺”还入选第三批国家级非物质文化遗产名录。2011年，中华人民共和国商务部正式授予白云山中一药业“中华老字号”称号。

2012年，中一过了350岁生日，全国政协原副主席叶选平为其题词“传承精粹，敢谱新章”。董事长张春波展望未来，指出：“老字号品牌所积淀的厚重历史渊源是一笔宝贵的财富，每一个百年老字号都必须注重传承，而最重要的工作就是做好传承与创新。”

同年，中一药业更名为“广州白云山中一药业有限公司”，坐拥“白云山”和“中一”两大中国驰名商标。

面对日益繁盛的互联网发展，中一也在2015年启动“工业+互联网”项目，与广东康爱多连锁药店签订战略合作框架协议，白云山中一旗下以治疗糖尿病为核心，包括消化道、妇科以及五官科等用药系列产品将依托康爱多全网打开医药电商销售渠道。

在健康产业日趋兴盛的时期，中一也开始投入功能性食品的开发中。全面发展有特色的大健康产品是中一发展规划的重要环节，产品布局包括“围绕四大专业领域的功能性食品”“新型功能性原料为主的特色食品”和“传统中医药特色的保健食品”，截至2016年底，已经完成了益生菌酵母固体饮料等17个功能性食品的开发，并获得发明专利授权两项。

一路走来，白云山中一药业经历了前店后坊、公私合营、收归国有、股份制改造的风雨，这也是300多年前林立在广州各街道的一个个中医药作坊铺面变迁的历史缩影。如今，中一作为全国百强制药企业，坐落在现代化的花园式厂区，拥有超过1200名职工，总资产近10亿元。除了老字号传承下来的名药，更以治疗糖尿病及消化道、妇科、外科、五官科为五大产品线，有130多个产品，其中独家品种21个，拥有发明专利35项。

中医药行业革新者

创新是中一发展至今最优良的企业品质之一，也正是靠一代又一代人的创新，中一才能实现

300多年长青。一名科研人员回忆，早在20世纪80年代初，国内中医新药研发政策逐渐放宽后，厂里就提出要开发新产品，他说："当时我们整个厂上下一心，大家干得热火朝天。研发出来的产品，今天都成了中一药业的拳头产品。"

郑尧新1979年被调往中药一厂，时任副厂长。当时工厂几经合并，虽具规模，却缺乏独特的产品竞争力，仅是靠古方维系的地方老字号，年产值1000万元，利润仅有90万元。在到日本参观学习日本汉方药的制造经验后，老厂长发现国内中成药问题重重。

在认识到科研创新的迫切性后，1981年成立了中药一厂研究所，郑尧新兼任所长，建立资料室、仪器室、药理室和中心化验室，开国内中成药企业立先河。资金人才短缺，他们就主动与医学院校和医药研究所寻求合作。四年后，中药一厂成功研发出超过10种新药，包括滋肾育胎丸、乌蛇止痒丸、白蚀丸、心可宁胶囊、益肝颗粒、降气定喘丸、胃乃安胶囊、金佛止痛丸、鼻咽灵片等，以及中一药业的支柱产品、后来占据糖尿病口服中成药及中西医结合药品市场销售份额78%以上的消渴丸。

消渴丸是中国口服糖尿病药物一项重要的自主创新，1994年被国家卫生部收入《国家基本用药目录》；1996年被中国中西医结合学会糖尿病专业委员会列为"糖尿病推荐用药"产品；2007年正式获得国家发明专利。

这一拳头产品的发明者是时任中药一厂技术科科长邹章。"文革"后，经济低迷，许多糖尿病患者都买便宜的氯磺丙脲或甲苯磺丁脲服用，副作用较大。一次，邹章偶然读到谢觉哉的《住北戴河杂诗》："文园病渴几经年，久旱求泉竟及泉。辟谷尝参都试过，一丸到手不妨千。"得了灵感，参考明清两代两大治疗消渴症的古方玉泉散和消渴方，根据糖尿病人多饮、多食、多尿、消瘦的特点增加北芪、花粉、葛根、淮山等辅料，又加入国外研制成功的化学药物格列本脲，经多番试验，制成中西结合的消渴丸。

对消渴丸的创新和发展，从未停止，新世纪以来中一药业与北京糖尿病研究中心合作，投入1300万元开发消渴丸循证医学科研项目。2012年"中药丸剂（消渴丸）生产过程质量控制关键技术研究与应用"荣获广州市科技进步奖一等奖，2013年"消渴丸的现代研究与应用"荣获中华中医药学会科学技术奖一等奖，中一为中药现代化的发展树立了成功典范。中一的团队也对其他几种核心产品不断优化，对独家品种滋肾育胎丸也进行了顶层设计研究，开展了在辅助生殖循证医学的中成药，科学的循证医学研究结果为其走向国际奠定坚实的基础；对目前取得市场份额第一的安宫牛黄丸，也从未故步自封，仍在其安全性、有效性以及药效物质基础及作用机制方面开展了大量工作，与暨南大学开展了专业领域的实验研究。

中一的展厅里，有一张1977年的安宫牛黄丸发票，显示一粒安宫牛黄丸价格为3.73元——当年，城镇职工30元月收入足以养活一家人。前些年，中一药业举办了"过期药回收"的活动，一位老人带来了一颗陈年的安宫牛黄丸。几十年前她身患重病，丈夫花了大半年收入买来安宫牛黄丸，她病愈后，还剩下一粒，被作为贵重物品保存至今。研发团队遂思考降低成本之法，进行专项研究，使用体外培育牛黄和人工麝香等，成功大幅降低了零售价格，到2014年，中一的安宫牛黄丸实现销量全国第一，使更多普通消费者受惠。

除了药物研制外，中一的制药技术也在不断创新。2010年，科研人员经过多次实验，研制出数字化包装控制技术——类薄膜包衣工艺，成为国内首创、国际领先的技术突破。

嘘寒问暖，始终如一

350多年的历史积淀，除了赋予中一深厚的历史底蕴外，还培养了浓郁的人文情怀。中一深入挖掘企业历史文化，建设了大型文化展厅，设计创作了有关企业发展历程的石刻浮雕墙以及科普传统中药制作工艺的主题玻璃雕墙。在打造了极具风格的企业文化环境的同时，也宣传和普及了中医药文化。

近年来，通过弘扬"同心　开拓　求实　高效"的企业精神，公司也营造了浓厚的"爱岗敬业"氛围，先后涌现了一批国家级和市级的劳动模范、省市"工人先锋号"班组等。诚信的品质业已渗透到企业发展的各个环节，员工曾祥勇被评为"广州好人"，基层的制造一部机制组获得"全国质量信得过班组"，中一也是食品及医药行业唯一一家获得"广州市市长质量奖提名奖"的企业。

经过多年的传承与发展，企业内部形成了良好的风尚，好企风影响着好家风，好家风带动好企风，无论是诚信还是创新，都是在家风、企风的影响下不断深入人心。

"和为贵，明礼法"的胡氏家族是好家风传承的典型家庭，一家几代都是中一的员工。第三代子孙胡庆宗也已经在中一工作十几载，他从江西、福建到广州总部，从普通的一线工作人员到成为领导，随着中一的演变，他自己也在不断成长。他说他们几代人靠它（中一）养育，所以他希望能将自己刻苦、诚信的品质传递下去，带领更多的人服务企业。

"广州好人"曾祥勇是消渴丸生产线的班长，他带领的班组积极性强又极具上进心，虽然工作辛苦，但闲暇时依然聚会不断，团队就像一个大家庭，相互关爱，彼此体谅，他们始终坚信，公司好，大家才会好。2017年，曾祥勇所在的消渴丸生产线荣获"广东省五一劳动奖状"，他们

广药集团领导干部好家风演讲比赛在白云山中一药业举行

公司董事长、总经理张春波（左）对“广州好人”曾祥勇进行表彰

作为呵护计划的‘滋肾育胎健康操”在2015年成功创下全球首个双人瑜伽吉尼斯纪录

的付出既诠释了何为工匠精神，也践行了好家风所倡导的敬业奉献的高尚品德。

自我实现的最终目的在于更好地服务社会，助力社会的公益事业，关注人类健康。近年来，中一利用公司的中医药文化及现代化资源，积极开展了一系列公益活动。

中一成立了“白云山中一健康之家”，20多人的专业医生顾问团队通过会员活动、健康讲座、专业医学药学咨询等形式，建立畅通的医患互动平台。2010年底，中一药业成立了广药白云山中一消渴（糖尿病）基金。近几年，他们依据年利润按比例提取基金，开展了“广药白云山中一消渴（糖尿病）基金学子计划”“消渴丸2元义卖助学项目”，是国内规模最大、历时最长、救助最全的糖尿病贫困人群关爱行动。与中山大学药学院联合开展“药公益”活动走入社区、走进校园，传播安全合理用药的知识。以“体验式科普”理念开展了“中医药健康文化”科普教育，至今，科普接待已经超过五万人次。

中一药业的社会公益行动，也积极配合国家的相关政策，当“二孩政策”成为全国的关注焦点时，在广州启动了“守子宫——生育力呵护计划”，旨在向全社会普及健康生育理念，这是在“二孩全面放开”背景下，全国率先开展的综合性公益项目。中一药业早在30多年前就推出了助孕安胎名药——滋肾育胎丸。自呵护计划推出以来，中一坚持每销售一瓶滋肾育胎丸，企业就捐出一元用于贫困失独家庭的生育帮扶，以及拨入罗元恺滋肾育胎丸中青年科研基金，用于传统中医药辅助生育的专项研究。

作为呵护计划另一项内容的“滋肾育胎健康操”在2015年成功创下全球首个双人瑜伽吉尼

胡庆宗好家风入选广州市好家风 20 强

斯纪录。中一旨在通过最具权威的方式，呼吁国民关注科学孕育，为女性生育力带来质的变化。

“滋肾育胎丸 + 滋肾育胎健康操”这一黄金科学生育组合，成为万千家庭孕育新生命的黄金搭档。“守子宫——生育力呵护计划”在广州正式启动后，将陆续在全国开展，预计未来三年覆盖全国 100 个城市，直接影响 2000 万个家庭。

白云山中一药业商标的外轮廓是广州市花木棉花，线条强直。轮廓内有“中一”二字，“中”像大树，枝繁叶茂，左右两个圆点如同中一精心炼制的药丸；“一”形似胶囊，说明产品种类多样，又喻中一“以诚创业，始终如一；以质取胜，始终如一；科技创新，始终如一；嘘寒问暖，始终如一”的宗旨。

自黄中璜、保滋堂、橘花仙馆等前身老字号创业以来，白云山中一药业一直坚持救病扶危的社会责任。到了新时代，更积极投身社会公益。中一作为现代化健康产业企业，不仅旨在向社会提供好的服务和产品，还坚持脚踏实地地向社会善尽作为公民的责任和义务，这也是中一企业宗旨的核心要义。

300 多年前保滋堂的“养和树德”被传承下来。如今，白云山中一药业风华正茂。

（作者：慕白 凉婷）

十五

李楚源

“好家风”不辜负这最好的时代

广药集团党委书记、董事长李楚源荣获“2017 十大经济年度人物”称号

400年历史积淀，广药集团走过了不断进取的变革之路。恰似一座无形的桥梁，一端连着优质的医药产品，另一端连接广大医疗机构、零售药店、消费者，广药人用最真诚的服务，使企业的发展成果惠泽大众。未来，他们不止于此。

“这就是我们的道德基因”

1988年到2018年，这是中国经济飞速发展的30年，也是一个刚刚毕业的大学生成长为集团的党委书记、董事长，充满奋斗与激情的30年。“他左手传承守护，托起麾下十二家中华老字号、十家百年企业，传扬中华文化脉息；他右手创新研发，从治疗到预防，打响‘广药智造’民族品牌，2017年他带领广药集团进入了千亿俱乐部。”在“2017十大经济年度人物”评选活动中，李楚源成为唯一入选的医药行业企业家，也是唯一一位来自广东的企业家。

从一线的技术人员到集团的掌舵者，李楚源乘着历史的积淀，带领广药集团成为世界中药第一。这是时代交给今天的广药人的接力棒，也是历史赋予广药集团的价值和财富。

广药集团源自公元1600年创办的陈李济，至今已有400多年历史。跌跌撞撞，历经波折，走过艰难的发展之路，绵延不断的家风建设成为不断战胜困苦的锦囊。集团12家老字号企业代代传承淳朴家风文化。“四百年济世之路”的陈李济，“济世为公”的何济公，“关爱生命，追求卓越”的明兴，“中药文化的使者”采芝林，“光大中华”的光华制药，百年逐梦的敬修堂，以及“嘘寒问暖，始终如一”的中一等，每一家老字号都是在良好家风的指引下，成为中医药文化的坚定传承者，几百年间，与时俱进，勇于承担社会责任，不断完成时代赋予自身的使命。

一身西装，很有精气神的李楚源董事长说起广药集团的家风建设满是自信与期待：“‘合作济世 诚实 奉献 勤奋 创新’这12个字就是我们的家风。400年前一个医生一个商人，机缘巧合下，投资成立陈李济，服务当时的老百姓，既是合作也是济世，主动担起传递健康的责任，这背后还暗含着拾金不昧的故事，这就是一个道德基因，一种诚信的品质。”

对诚信的坚守已经成为每一个广药人的原生气质，在诚信面前，经济效益都可以暂时让步。在2003年“非典”期间，白云山板蓝根供不应求，广药坚持绝不提价，亏本也要生产销售，24小时不间断生产，与全国人民一起抗击“非典”。“我们为什么能有这样的坚持和决断，就是好家风的指引。”李楚源毫不怀疑好家风的意义，这是企业发展400多年依然屹立不倒的秘诀。

在面对突发事件时如此，广药集团的日常经营同样以诚信为本。药品是一种特殊商品，其质

广药陈李济“传匠心 造正药”年轻药工拜师仪式

量好坏、科技研发程度，都将直接关乎消费者的切身利益，一旦哪个环节出问题，就会引发社会不安定因素。从 2005 年开始，广药集团在全球首创“家庭过期药品回收”活动，每年投入超千万元免费为消费者更换家庭过期药品，并于 2014 年创下吉尼斯世界纪录。

从“两口大锅闹革命”发展到如今品牌价值 283 亿元，“白云山制药”历经 40 多年的发展，被誉为广东改革开放的一面旗帜。但鲜有人知的是，在其发展史上的两次重大发展都与习仲勋同志息息相关。

1979 年，白云山农场（白云山制药厂是 20 世纪 70 年代从白云山农场制药车间发展起来的）成立农工商联合公司，建立生产经营承包责任制，利润采取“三三四”分成，即利润的 30% 上缴，30% 作为集体福利和奖金，40% 作为企业发展基金。能不能利用企业发展基金实现药厂跨越发展？白云山人陷入了担忧。

就在此时，时任广东省委第一书记、省长的习仲勋同志于 1980 年春夏之交，第一次来到白云山药厂视察。

解放思想，招贤纳士，尊重并照顾好知识分子，这是习仲勋同志对白云山药厂的指示，这对白云山药厂的下一步发展做出了指引。

1987 年，又是一个春天，已是中共中央政治局委员的习仲勋同志自北京到广东视察，特地前往白云山药厂，他说要看看这七年来的变化。轻车简从，一路沿化验室、园区、厂房参观，习仲勋同志仍不忘寄语白云山药厂：思想要更加开放，不要满足现状，否则就容易被人击垮；要向集约式、多元化发展。

2017 年，正好是习仲勋同志第二次视察“白云山”30 周年，广药集团党委书记、董事长李楚源提出：习仲勋同志七年两次视察“白云山”，是广药故事中弥足珍贵的重要篇章，广药白云山人要把他的指示精神和良好风范好好记载并传承下去，作为集团精神财富、文化资产，作为党的建设、领导干部家风建设的永恒指导！

成为一种本能

无论是陈李济的 418 年的发展，王老吉 190 年的历程，还是潘高寿的百年治咳路等，如果没有良好的家风文化底蕴，这些老字号品牌早就消失在历史长河中。12 字好家风历久弥新，每一代广药人都以此为行动准则，400 年后的现在，广药从未忽视家风建设的意义，李楚源董事长在接受采访时也多次强调今日集团的家风建设。近几年来集团公司深入挖掘老字号企业的家风亮点，积极开展家风宣传教育。

在集团内部相继举办了“弘扬好家风，共筑广药梦”领导干部好家风演讲比赛、“好家风，同传承”网络挑战赛、“我们的好家风，我们的心声”微视频征集活动、“不忘初心，悦读家书”主题诵读分享荟等活动，用最生活化的活动传承最具分量的企业价值，在这一系列好家风活动中，广药人将延绵了 400 年的价值理念镌刻于心。

在集团内部加强家风建设的同时，也不断将“好家风”故事向外推广。2016 年集团选送梁培基《不留砖瓦，后人自强》家风故事参加市纪委举办的广州市好家风故事大赛，并荣获三等奖。梁培基的好家风故事，也在 2017 年参加了广州市纪委、市人民检察院、共青团广州市委员会共同举办的“正青春——好家风青年说”节目，不仅展示广药至真至善的企业气质，也激励更多的青年不断进取，把握青春好时光。

在市纪委、市委宣传部、市妇联联合主办的 2017 年广州好家风征选活动中，广药集团推荐的“胡

广药集团开展系列好家风活动

庆宗”“梁培基”家风故事在全市推荐 309 份作品中脱颖而出，是唯一一家入选 20 强的广州国企。也是同一年，广药与南方人物周刊合作策划了“每一个老字号后面都有一个好家风”系列活动，将 12 家老字号的家风故事独立成章，传播了 12 段不同的历史佳话。

好家风的传承也激励企业承担更多的社会责任，广药集团一直以“爱心满人间”为企业理念。王老吉 1.828 亿元爱心基金成立以来，一直致力于灾难、贫困、关爱民警、环保等方面的社会公益事业，公益投入已经超过 10 亿元。2017 年，更是捐资 1000 万元，在北京大学、清华大学等设立“广药王老吉基金”，资助北京大学、清华大学等校的学生奖励、海外交流和校园文化发展。这种“甘奉献，勇担当”的社会责任意识是企业良好家风的有机组成部分，以良好家风促党风政风，在企业内部营造了党风正、家风好、民风淳的良好氛围。

“真的假不了，假的真不了。”李楚源相信，为人类的健康事业不懈地努力，让中药走向世界的追求，在好家风的激励下才能走得更远。当“合作、济世、诚实、奉献、勤奋、创新”成为一种本能，无论是对于企业还是国家都是一种珍贵的财富。

向上，向善

扎根在医药企业近 30 年，李楚源有幸见证了几十年来我国医药行业创新发展的历程，现在又在经历着医药行业的转型升级，这一路走来，李楚源敢于改革创新，在全国率先提出以推动中药“四化”来打造“时尚中药”的理念。在他的带领下，广药集团销售收入从 2013 年的 545 亿元到 2017 年突破 1000 亿元，成功晋级“千亿俱乐部”，用四年时间实现销售收入翻番，连续多年蝉联中国工业百强榜第一位。

作为一个企业家，他已经感受到了这份职业所带来的紧迫感：“行业发展的速度很快，新事物、新技术、新产品层出不穷，我常常感到紧迫感，还是要抓紧时间，不要辜负了这个最好的时代。”

西藏波密，广药支援西藏而建设的 GAP 灵芝基地，广药藏族员工嘎松罗布一家视灵芝如天赐之物

广药集团连续15年开展家庭过期药品回收公益活动

李楚源和五万名广药员工的确没有辜负这机遇与挑战并存的好时代。过去的一年，广药集团面向全世界、汇聚新资源，成功承办了《财富》国际科技头脑风暴大会和《财富》全球论坛"医疗的未来"圆桌会议，王老吉凉茶和白云山矿泉水成为论坛独家官方饮料，4A景区神农草堂成为指定接待点，广药集团的品牌影响力不断提升，品牌获得认可，这是对兢兢业业的广药人最好的回报。

作为400年历史的老字号民族企业，广药集团与国内企业的合作也在持续深化中，做时尚中药，跟大学的战略合作，产学研合作，与阿里、京东、科大讯飞的合作等，集团发展与时俱进，不断推陈出新。带领企业成功迈入千亿俱乐部的李楚源非常笃定："只要我们将好家风的品质继续延续下去，做到三千亿没问题。"

一年间，无论是企业还是李楚源都获得了很多荣誉，2017年广药集团荣获"全国文明单位"光荣称号和"广东省五一劳动奖状"，李楚源获封全国"2017十大经济年度人物"。诸多荣誉加身，李楚源希望这成为广药未来发展的不竭动力。"这就是社会对广药的认可，因为大家的认可，所以我们得到这些荣誉，那我们更有动力，就再接再厉，做得更好，不要辜负大家。”

对于加诸自身的荣誉，李楚源很淡然：“这些虽然给了我个人，但是更多的是给了我们企业。每次获奖不会只叫我李楚源的名字，颁奖的时候都说的是‘广州医药集团有限公司党委书记、董事长李楚源’，我只有三个字，更多的还是集团，我只占15%，85%是单位的。”

2018年是“后千亿时代”广药集团发展的第一年，是实施“十三五”规划承上启下的重要一年。广药旗下白云山制药厂曾是广东改革开放初期的一面旗帜。“改革创新，敢为人先”是广药人一直坚守的时代气质。今天的广药集团对标世界500强，坚持推动企业高质量发展，争取在2020年冲刺世界500强。李楚源对未来信心满满，他坚信创新的力量：“广药未来的发展一定要与时俱进，新场景就要有新理念。”

“爱心满人间，爱拼才会赢。”这是李楚源坚持多年的人生格言。今年在新春开工仪式上，李楚源对全体员工提出“激情、活力、理性、从容、向上、向善、奉献、乐施”的十六字精神。广药人在好家风的指引下，经过多年不懈的奋斗，走到了今天，成为中医药行业的引领者，今后，将赓续400年的精神血脉，永葆上进心，希望通过自己的努力，用最好的产品和服务回馈这个最好的时代。

（作者：凉婷）